不惧孤独，全力以赴

陈楚◎编著

中国纺织出版社有限公司

内 容 提 要

人生的一开始就注定是一段孤独的旅程，很多人在这段旅程中迷失了自我。在这段路途中，也许你会得到别人的帮助，但是终究大部分的路需要你自己走，只要你乐观勇敢地面对所有的挑战，终有一天你会发现自己的人生其实是多么的精彩。

本书通过解析人在孤独时的心态、行动力和思想变化情况，阐述了怎么在这种状态下乐观地找到属于自己的生活方式，帮助年轻人找到当下的生活节奏，不惧孤独，认识自我，改变自我，让自己更好地跟自己相处，奋斗出一个更加美好的未来。

图书在版编目（CIP）数据

不惧孤独，全力以赴 / 陈楚编著. --北京：中国纺织出版社有限公司，2020.1（2024.4重印）
ISBN 978-7-5180-6867-8

Ⅰ.①不… Ⅱ.①陈… Ⅲ.①成功心理—通俗读物
Ⅳ.①B848.4-49

中国版本图书馆CIP数据核字（2019）第229692号

责任编辑：李 杨　　责任校对：寇晨晨　　责任印制：储志伟

中国纺织出版社有限公司出版发行
地址：北京市朝阳区百子湾东里A407号楼　邮政编码：100124
销售电话：010—67004422　传真：010—87155801
http://www.c-textilep.com
中国纺织出版社天猫旗舰店
官方微博http://weibo.com/2119887771
北京兰星球彩色印刷有限公司印刷　　各地新华书店经销
2020年1月第1版　2024年4月第2次印刷
开本：880×1230　1/32　印张：6
字数：114千字　定价：59.80元

前言

有些人天生就喜欢热闹，觉得在人越多的时候越能绽放自己的色彩，面对舞台和镜头，他们能够更加自如地释放自己、表现自己。然而有些人是喜欢孤独的，他们就愿意活在自己的世界里，做着自己想做的事情而很少与人接触，但他们的内心世界却是非常丰富多彩，所以孤独并不是一种病，而是一种更好地与自己相处的方式。

在每个人的生命中，都需要这么一段没有人陪伴的时光。在自己奋斗的时间里，在学习让自己变得更强的时光中，都需要有较强的意志和自己相处，和倦怠的情绪抗争！其实越是自己一个人的时光，越是能够聚精会神地做一些需要思考的事情。在这样一个过程中，你会不断地思考，不断地成长，最终变成那个你想变成的自己。

社会一直都是一个大熔炉，很多人都在不停地奔跑着，不想被同化。你想要练就更加独一无二的技能，希望在自己的岗位上能够成为一个不可替代的人，奋斗的征程有时候也会得不到自己觉得重要的人的理解，但是你就更想凭借自己的努力向他们证明，其实你可以在自己选择的道路上走得更远。

大概每一位成功人士都会经历这么一段艰难的时光，他们除却跟孤独的自己相处之外，也在不断地开拓自己其他的能力，直到他们拥有了自己的人生方向和强大的意志，有了适合自己的学习方法和越挫越勇的气魄，才能铺就他们走向远方的道路。在这条路上，在这个漫长的时间里别人不能帮你多少，你唯一能够依赖的只有自己！

但是，还是有些人在你世界的门外静静地关注你，他们希望你变得更好，也希望你更加爱惜自己。你的父母会在你学习之余打理好你生活中的一切，让你没有任何后顾之忧，你的朋友会在你走进思想的死胡同的时候敲醒你，告诉你该改变方法的时候改变方法，该转变方向的时候转变方向。他们都是你强大的后盾，即使你一个人走向远方，依旧有他们的陪伴和叮嘱在远方传来。

生命真是一段奇妙的路程，当你慢慢地走到自己心智成熟的那一刻，当你觉得你的欲望已经渐渐地消失了的时候，留在你身边的就已经是陪伴你很久的朋友了，这就是你一生都要珍惜的了，可能没有几个，但是却是最懂你的人。你们可以很久都不联系，然而见到面却可以像以前一样侃侃而谈完全没有隔阂，还可以人在身边却自己忙着自己手中的事情，即使相互打扰也没有人会生气，因为时光磨去了你们的棱角，也让你们之间的关系如彼此的亲人一般更加圆润，更加自然。

与浩瀚的宇宙相比，每个人都是沧海一粟，而每个人内心又有自己的小宇宙，是这个世界上独一无二的个体。你害怕孤独，所以会去寻找朋友，你害怕空虚，所以会努力学习去充实自己。总之，你要把自己打磨成一块可以闪闪发光的宝石，足以吸引别人的眼光，你又要坚强，才能面对未来所有可能会遇到的考验和挑战。人都害怕孤单，但是却又不得不面对孤单，要让自己足够豁达，不害怕所有的一切，拿得起、放得下才能让你的思想飞向更加遥远的天空之上。

前方的路还很遥远，也许你不介意别人进入你的生活，也许你也已经习惯了自己一个人的生活。但是前方一定还会有更多的时光需要跟自己独处，需要在自己想走的道路上不停地奋斗，希望每一个梦想归途的人都能够走出自己精彩的一生。

编著者

2019年8月

目录

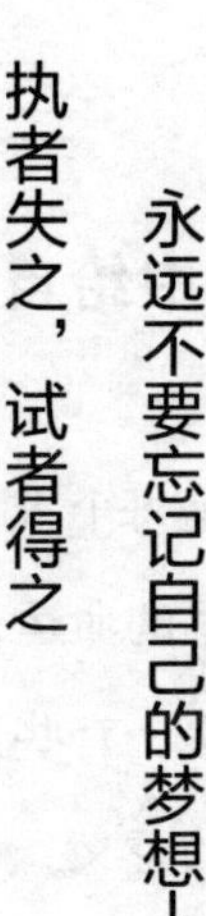

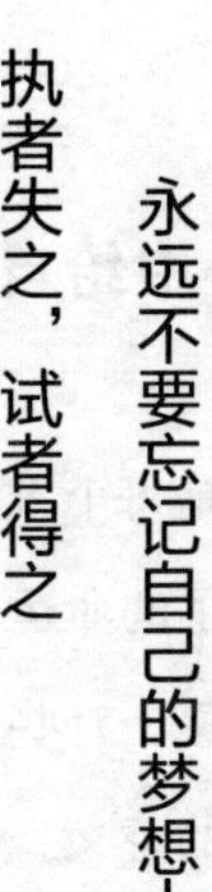

第1章 永远不要忘记自己的梦想——执者失之，试者得之

每个人都有一个这一生想要为之奋斗的方向，这个方向就是人们称为的梦想。当你觉得自己很迷茫的时候，你可以想象一下自己的初心是什么，你最开始一直坚持的梦想是什么，当时的你坚定地朝着这个方向努力的原因是什么。

在未来的道路上，你还会遇到越来越多的分岔路口，也许还会跟你原本梦想的方向背道而驰，但是请一定要坚守住自己最初的梦想，它一直都紧握在你自己的手上，只要你不弄丢它，你就一定能够一步一步成为这个领域的榜样。

在心中给自己留一块梦想基地

奋斗是每个人一生都需要坚持的最重要的一件事，是每个人都逃避不了的命运，无论在什么时刻，只有不懈地拼搏才能给人生更多想象。有些人在生命的某一段时间总是会浑浑噩噩，他不知道生活的意义，也不知道自己要朝着什么方向去努力。但是生活总是戏剧性地在某一时刻让他幡然醒悟，为了生存，奋不顾身地追求自己想要的东西。所以说趁早给自己一个梦想，这样才会有更多的时间来为了实现它而不懈地努力下去。

梦想是自己留在心中的、也是这一生都要围着转的核心，当你能够更早地给自己确定一个自己感兴趣的事业，那么你就有可能让自己在这条道路上比别人享有更多的时间，也能让自己在同行中成为一个更有竞争力的强者，这个世界需要更多有实力的人，而你的实力恰巧能够让你成为这个世界的焦点。

1958年11月的一天，杨丽萍出生在大理的一个特别普通的白族家庭里，而在她很小的时候，父母就因为种种原因离婚了，她跟两个妹妹和一个弟弟跟着母亲一起生活。由于母亲需要养家糊口，作为家中的长女，年幼的她就承担起了家庭的重任，她要料理家中的各种家务，还要照顾好自己的弟弟妹妹。

杨丽萍的童年记忆好像都是和贫穷有关，当然也存有来自一些人的歧视，但是在这种环境之下，杨丽萍依旧抱有乐观的心态，她热爱舞蹈，也希望舞蹈能够成为自己一生的事业。因此在她的努力之下，她成为了中国优秀的舞蹈艺术家、中国舞蹈家协会副主席以及中国民族民间舞蹈等级考试专家委员会委员。这一切都是她自己的刻苦和坚持造就的。

酷爱舞蹈的她从小就特别想成为一个舞蹈家，于是她就自己练习，没有人指导就想到什么跳什么，最终她凭借着自己的天赋，13岁就进入西双版纳州歌舞团。进入歌舞团之后的杨丽萍开始更加系统地学习，专业方面开始有了更大的提升，最终她被调入中央歌舞团，这个时候她就已经把孔雀舞练习得出神入化、远近闻名。

杨丽萍的舞蹈风格是极具特色的，她总能成功地将舞蹈这一动态的艺术表现形式用静态的方式呈现出来，并且能够从大自然间找寻到更多的灵感。在艺术创造上，杨丽萍也是一个对自己特别苛刻的人，在1999年的元月，那是西藏一年四季气候最恶劣的时候。杨丽萍挑选这个时候去拉萨进行艺术体验，在参观大昭寺的时候，一缕阳光穿过屋顶射在壁画上并且随着时间的推移在慢慢地移动。杨丽萍心中突然之间就有了灵感，跟随着阳光情不自禁地舞动起来。她就是这样对舞蹈艺术痴迷着，也为着自己心中的梦想不断地前进着，而目前已经年过花甲的她也活成了自己想象中的模样。

年幼时候的杨丽萍就在自己心中埋下了一颗舞蹈的种子，那是天赋使然，也是她想要一直坚持下去的动力。即使是到了现在这般的年纪，也一直在坚持跳舞，这个时候跳舞就是她心中的信仰。梦想就是每个人此生的航向，不管遇到多大的风浪，都需要一直坚守的方向。

每个人的一生中都会遇到各种各样的风浪，没有人会一帆风顺，只要走进这个世界就一定要接受这个世界的考验。梦想在这短短的几十年就是一个人生目标，也是证明自己存在的一种方式。在心中给自己留下一个梦想，让这段漫长又短暂的人生道路多一点坚持，多一点美好。

安逸会腐蚀你本该前进的决心

每个人都有自己的舒适区，而人一旦进入并习惯自己的舒适区，就会被安逸侵蚀头脑。谁不想舒舒服服地过一辈子，谁不想永远能够只要躺着就不用考虑之后的日子该怎么生活？但是生活永远都在考验这世界的每一个人，你不该放弃你原本坚持的那个方向，走出困住你的牢笼，永远不要停留在那个只能带给你安逸的地方。

当你把一只青蛙放进凉水中，再用足够低的速率给它加热，那么青蛙待在里面就会很安逸。即使到最后水温已经达到了青蛙的耐高温值，即使它没有死亡，也已经丧失了跳跃的能力，只能等死了。同样的，如果你只愿意待在那些让你觉得很舒服的地方，长此以往下去，你就会跟这个世界脱节。现在的社会发展多么迅速，每天都会有一些职业被淘汰掉，所以，当你来到那个会让你觉得极其不安的临界值，你就已经失去了跟别人竞争的实力，那么你也会被这个社会所淘汰。所以，主动接受考验是成长的最佳方式。

有一个农夫生前一直忙忙碌碌，为了生活，为了家庭贡献了自己的一生，他觉得这样的生活特别的劳累。等他死后，在去往天堂的道路上，看见路边有一座金碧辉煌的大宫殿，宫殿的主人在门口特别有礼貌地邀请他，农夫心想：这里应该就是天堂吧，于是便大步走了进去。进去之后的农夫对宫殿的主人说："我的一生特别忙碌，我不想再过那样令人疲惫的生活了，我现在只想吃和睡，再也不想工作了。"宫殿的主人说："我这里有山珍海味随便吃，还有很舒服的大床随便睡，而且我保证绝对不会给你安排任何的工作。"于是农夫便非常安心地住了下来。

一开始的几天，农夫每天除了吃饭就是睡觉，他觉得这是世界上最舒适的生活，完全没有任何的生存压力，感到非常的开心。不过一段时间之后，农夫开始觉得这样的生活特别的单调并且无聊。于是农夫就去找宫殿的主人说："现在的生活太枯燥了，有没有一份工作可以给我？"宫殿的主人说："我们这边从来都没有工作。”于是农夫便离开了。

又过了几天，农夫依旧是无所事事，整天除了吃饭和睡觉不知道该干些什么，但是每天除了只有吃饭和睡觉两件事情也实在是让人觉得空虚和寂寞。终于按捺不住内心的焦虑跑到宫殿主人面前说：“你们这里真的没有工作可以做吗？整日什么事情都没有真的让人心里发慌。”宫殿的主人说：“真的没有，我们这里从来没有工作可以提供。”农夫说：“那你让我去地狱吧，天堂实在是太折磨人了。”宫殿的主人脸上闪过一抹微笑说：“这里就是地狱啊！”

农夫这才觉得自己这段时间太过安逸，相比于生前的忙碌生活，他更愿意让自己忙碌起来。

那个一直会让你觉得很安逸的地方就是你人生的地狱啊，如果你不能尽快走出这个蚕食你心灵的地方，那么你终究只能葬送在这样一个找不到方向的地方。但是如果你能够给自己一个远大的目标，给自己一些承受苦难的能力，虽然会很辛苦，但是你总是会觉得吃这种苦是有意义的。

俗话说：“你要死，也别死在米缸里。”但是，“人固有一死，或重于泰山，或轻于鸿毛”，这就是小学课本里的一句大家都耳熟能详的句子。死亡并不可怕，每天碌碌无为地数着奔向死亡的日子才更可怕。人生最大的魅力就是你明明知道自己有一天要走向死亡，却依旧拼尽全力地活着，所谓向死而生大概就是这个意思吧。但是作为人本身，不应该仅仅只考虑死亡这件事，你需要抓住的是现在的每一天，做好自己、为了自己的目标全速前进，把自己的每一天都视为生命的最后一天，才能更有效率地做好每一件事。

专注是提升效率最好的方法

每当你打开书本准备学习的时候，是不是总觉得自己还有一堆其他的事情没有做好，你一会儿要看看微信上有没有新的消息，一会儿又要翻一下微博看自己喜欢的博主有没有更新，或者想到了自己最近一直都想看的书总想翻开几页，又或者打开手机上的小游戏，想着学习之前打一局放松一下自己的心情，然而一上手就不知道自己已经打了多少局，再看一下时间，一节课已经过去了。

现代社会是一个互联网社会，每个人手中的手机就是整个世界，只要打开它就可以知道五湖四海发生的每一件事情。所以这个大数据时代信息不断地侵蚀每个人的生活，也分散着很多人的精力，他们开始越来越多地关注到别人，却没有想到那些人都跟自己的生活无关，看一眼便会在自己的生活中消失，专注于自己生活中的每一件小事才是给自己的生活增添色彩。

专注是现代年轻人都需要学习的重要一课。当你专心致志只做一件事情的时候，你总能觉得自己全身的细胞都在为那一件事发力，全身心地思考解决这件事情的方法。就像读书的时候你课下总是解决不了的那道题目却在开始全神贯注的情况下解了出来，你也总能在不到半个小时的紧急时间就写出了一篇八百字的好文章。所以觉得自己真的做不到一件事情的时候，放下手中的事情想一想：你真的心无旁骛地思考过它的解决办法吗？

琪琪是一个法学院的女生，在大三的那年暑假，她就开始紧锣密鼓地准备自己的司法考试。可是琪琪又是一个有拖延症的女孩子，每次坐到自习室里自己的座位上，总是不能够进入状态全身心地投入到学习中去。她开始觉得自己桌子上的绿植很好玩，也觉得自己抽屉里的彩绘铅笔很好玩，忍不住拿出一张纸创作起来，一会儿又拿出手机从一个APP刷到另一个APP。当她能够沉下来学习的时候，时间已经过去了一半，因此，每天晚上琪琪躺在床上总是为自己每天的状态而后悔不已。她真的想做到能够好好利用学习时间的每一分每一秒，但是总是被自己的三心二意所击败。

司法考试的备考过程是极其漫长且枯燥的，所以看书的时候走神是必不可少的，但是这个时候就要给自己减少外部因素的诱惑，才能提高自己学习的专注力，琪琪开始给自己找方法。她开始收掉了桌子上一切跟学习无关的东西，甚至那盆吸引她注意力的绿植，她开始直接把手机放到寝室，那样在自习室的时候就不用总想着拿出来看看。就这样，琪琪觉得自己每天的学习时间变多了，每天看书的效率也比以前更高了。最终在那一年的司法考试中，她以优异的成绩通过了，为自己未来的律师道路打开了最初的一扇门。

每个人都有自己独特的处事方式，也有对付自己的一套方法，琪琪能够找到自己不足的地方，阻断吸引力的来源，从而给自己营造了一个有助于全神贯注的外部条件。很显然，对于琪琪来说，这个方法是有效的。三心二意给自己带来的后果就是每一件事情都做不好，所以给自己喜欢的每一件事足够的时间，这样才能感受到它带给你的惊喜。

从现在开始，放下手机，找到自己一直想做的那件事，认认真真地给它两个小时。专注能带给你更多你意想不到的东西，也许未来你的这个不起眼的兴趣爱好就能成为让你一生都骄傲的事情，专注的你会让你成为更好的自己。

找对人生方向，不要让自己只是看起来很努力

人生是一段有意思的旅程，你会遇到很多人，看很多风景，品尝到很多的美食，但是总是会有一个最重要的方向一直主导着你在每一个人生的分岔路口的选择。所以，盲目地一直往前走是一件很累的事情，即使自己取得了一些成就，但是当你沉静下来的时候你就会认真地思考：这是自己想要的吗？自己的努力值得吗？会让自己越来越开心吗？

有的人很幸运，从一开始就知道自己想要什么，所以他比其他人都多出了很多努力的时间。但是有很多人，他们并不知道自己这一生的目标是什么，他们也不知道未来自己想要成为一个什么样的人。所以他们虽然也很努力，但是他们只是在这条路上走一段，在那条路上又徘徊一段时间，终究是三分钟热度，在每个领域都是半斤八两而已。所以对于每一个人来说，人生最重要的事情就是找到一个适合自己的方向，并且为了它坚持不懈地努力下去。

方纯洁已经读高三了，在这个人生的重要阶段，每个人都在紧锣密鼓地全身心投入到自己的学业之中。方纯洁在大家的眼中就是这样一个极其刻苦的姑娘，每天都学习到深夜，在室友都已经进入梦乡的时候，她还在打着夜灯趴在床头看着眼前的复习资料。平时的休息时间，她依旧趴在自己的课桌上努力地思考着。但是就是在这样努力的状态下，方纯洁的学习成绩依旧没有很大的进展，一直处于中等偏下的状况，这让老师很着急，而方纯洁自己也很着急。

方纯洁的文科成绩，每次考试都能维持在很稳定的状态，但是在高二文理分科的时候，听从了家里人的建议，选择了就业方向更加广泛的理科，因此目前方纯洁的学习成绩只能是语文和英语还过得去，理科的各个科目都有很大的提升空间。但是大家都不知道的是，方纯洁的文章写的很棒，之前初中的时候还参加过作文比赛，拿到不错的名次，而她到现在为止也一直坚持着每天写日记的习惯。所以，对于方纯洁来说，可能她更适合学习文科。

高考很快就来临了，方纯洁并没有取得很好的结果，失落的她躲在自己的房间里不愿意出门，如果不是妈妈逼着她出来吃饭，可能她真的不愿意面对任何人。而躲在房间里的她也开始思考着自己的人生该怎么走下去，她喜欢文科，喜欢那些人文知识，喜欢自己的思绪流出笔尖的快感，因此她做出了一个重要的决定，她想复读一年并且转去文科，她想大学的时候读自己喜欢的文学专业。这一次，父母支持了她的决定。

转去文科的方纯洁找到了自己喜欢的方向，虽然学习进度跟别人相比落后了很多，但是她努力着，也很开心自己每天都有所收获。渐渐地她的学习进度赶了上来，并且能够在考试中取得不错的成绩。最终，在她人生的第二次高考，方纯洁发挥了自己的实力，如愿考上了自己理想的学校，也开始学习自己喜欢的文学的专业，在更浩瀚的世界里遨游。

每个人都是自己世界里的英雄，当你找到属于自己的道路，就会感觉自己付出的一切都是值得的，即使过程很辛苦，也会一笑而过。方纯洁在第一次的失败中直面自己的内心，找到自己想要的道路，即使会面对很多困难，还是坚强地向前走去。当然也有些人其实自己一直都知道自己的方向在哪里，但是他们没有放手一搏的决心和勇气，所以，他们只能一直碌碌无为。

找到自己的人生方向，不要浪费自己的人生，浪费自己每一分每一秒的宝贵时间，也不要在错误的道路上消耗自己的实力，不要让自己只是看起来很努力。

幸福是写在每一天的点点滴滴

有的人每天都忙碌在上班或者上班的路上，也许他们觉得自己时刻处在紧张的压力之下，也许他们时时刻刻都在想着到底要不要辞掉这该死的工作，让自己的心灵得到一丝喘息的机会，但是谁也没有做出什么样的实质行动，日子还在一天一天地过下去，工作也在按部就班地忙碌着。

在这个世界上，每个人都是有生活压力的，不管来自哪方面，这些构成你生活压力的东西同时也是你的动力来源，适当的压力总会带给你更多的精力。当然，随着年龄的不断增长，你所面临的压力会变得越来越多。你可能面对的是来自婚姻的压力，来自孩子的压力，也有可能是父母渐渐地老去带给你年龄上的恐惧，也有可能是到目前为止梦想还一直在更加遥远的地方。所以，你一定要适当地调节好自己的压力，不要让它成为你的负担，幸福的生活掌握在自己的手中，每一刻的美好都需要你伸手去抓住。

白语已经工作两年了，距离她的上次恋爱也已经过去两年了，刚开始工作的那段时间是她人生中最崩溃的一段时间，毕业季的她要面对找工作的压力也同时面对着来自前任的分手请求。面对前男友的决绝她没有再说任何挽留的话，只身一人去了一个陌生的城市，想开启自己全新的人生。

工作上的压力、心情上的忧郁再加上经济上的窘迫让她只能不停地工作，全力以赴地做出最完美的方案，利用休息时间去找兼职来维持生计，住在令人觉得很糟糕的群租房里，她觉得生活应该不会更糟糕了。

事情的转机发生在公司组织的一次插花培训上。这天，公司为了放松大家的心情请了一名插花老师给大家讲解一下基础的知识，从花的种类到如何培育会延长花的生命，在这样一堂课中，白语体会到了久违的平静。这个时候她的工作也渐渐走上了正轨，心情也已经修复得差不多了，突然觉得自己以前的生活太没有自我，从现在开始，就是白语的真实人生。她从那个群租房里搬了出来，找了一个同事合租了一个两室的套间。每天早起给自己做早饭，着装整齐地出门，晚上给自己安排充电的时间和看书的时间。周末的时候去上一场自己喜欢的插花课，给自己做上一顿美餐跟同事一起分享，或者相约去看看这座还没来得及自己观察的城市，或者下雨天自己一个人窝在床上看一部自己喜欢的电影。这样一个人的生活充实并且幸福着。

生活就是你要用心地做好每一件事，而你在做的时候认认真真地感受自己心里的那一份宁静。当你真正找到自我的时候，即便是以前看似特别不喜欢做的最平凡的事情都会觉得很幸福，因为你在确确实实地打造自己的生活，你在让自己的生活变得更加美好，这就是你生活中的小确幸。

生活是一件很美好的事情，当你抬头看向天空，你会看到蓝蓝的天空中飘着朵朵白云，还时不时地有飞鸟从你的视线中划过；当你俯身看向地面，你会看见虽然城市的土地被钢筋水泥所包裹，但是仍旧有生机勃勃的小植物从缝隙里探出了脑袋；当你走进大自然，你能看到盛开的花、流动的河和新鲜的空气，这个世界的万事万物都是有活力的，包括那个热爱生活的你。

朝着梦想的前方，活成自己心目中的模样

生命就像是天边的飞鸟，它虽然不如天空辽阔，却依然自由自在地飞翔；生命也像大海中的小鱼，它不及海洋的浩瀚，却依旧能够游向自己的目的地；生命也像山峰下的巨石，它不如高山巍峨有气势，却依然能够坚毅地面对所有的风吹雨打。而渺小的你，有认真地思考过自己以后想要什么样的生活吗？你想成为什么样的人，走什么样的人生道路，其实都掌握在自己的手中。

也许你现在为了自己的梦想，处于生活的灰暗之处，也许你真的觉得自己已经到了走投无路的状态，前路漫漫看不到一点希望，也许你已经把自己的心关到了一个角落里，你也不知道怎么给自己找到一条出来的道路。但是，越是在这种时候，你就越应该打起精神，谁不是在生活的艰苦锤炼中走出来的，想想你的梦想，想想你还可以为自己的梦想做些什么，努力地充实自己的生活，也许在下一个转角的路口，你就能够看到曙光。

刘成已经大学毕业了，机械工程学院出身的他并没有一点理工男的影子，从他上中学开始，就在心里埋下了一个成为模特的种子，他很喜欢在服装搭配上下功夫，也喜欢每天晚上搭配好自己第二天要穿的衣服，再自信满满地穿出去。那个时候的男孩子很多都不知道该怎么买衣服，而刘成总能把自己收拾得干净利落。有一次在书店，他看到一位男模特穿着剪裁时尚的衣服出现在杂志的封面上，心里就想象自己也能成为这样的人。而身材高大的他也拥有这样天生的条件。但是扭不过父母的反对，大学的时候刘成选择了一个特别传统的专业。

但是进入大学校园的刘成开始有了更多的时间为自己心目中的梦想打磨自己的实力。他开始学习很多的专业知识，为了练习自己的身材，每天晚上都在健身房挥汗如雨。功夫不负有心人，他渐渐地拥有了更加迷人的身材，开始有了更加敏锐的时尚嗅觉，也在自己不断的练习下掌握了更多的镜头感和模特的基本知识。这个时候他开始找更多可以兼职的工作锻炼自己的能力。刘成的心里是有自己对未来的构想的，他不想活在别人给的条条框框之下，他想活出自己的姿态，活出自己想要的生活。但是没有人支持他，父母觉得他在胡闹，身边的朋友也在劝他好好地学习自己的专业，毕业之后找一份稳定的工作。但是他不想活成别人想象的样子，他想做自己。

毕业之后，刘成带着自己的梦想独自去北京做了一名北漂，带着之前的经验，他也可以接到一些工作，但是也会有很长的时间没有工作来找他，他跟别人一起挤在地下室，最困难的时候只能每天吃泡面，他想靠自己的实力证明自己的选择没有错，所以他不想靠家里人的接济。

在最艰难的时候，刘成也很难受，也有短暂的时刻怀疑自己是不是走错路了，是不是要放弃。但是这种念头也只是一闪而过，他很明确地知道自己想要什么。在不断的坚持中，刘成的情况渐渐地变好了，他开始形成了自己的风格，有了自己的名气，他开始期待自己走向更大的舞台，当然，那些舞台同样也在期待更多像刘成这样有梦想的年轻人的到来。

你在别人眼中的样子一点都不重要，重要的是你想成为什么样的自己，你为自己的梦想做到了什么，坚持了什么。当你能够走向更好的道路的时候，回头发现当时在意的那些别人的异样的目光其实都只是过眼云烟，而现在的你在成为更好的自己。

第2章 努力之路总是万分孤独的——若没坚持过，不配谈成功

人生的道路永远只有自己能够陪伴自己走完，任何人都只能陪伴自己走过人生的一小段，所以每个人在一定程度上都是孤独的。孤独地走过这些艰难的岁月，才能让未来的你回首现在每一个奋斗的日夜，都会看到它们在闪闪发光。

在每一个人生阶段都要坚定自己脚下的每一步，因为每一步都有存在的意义，都是值得的。当你走到自己某一个人生阶段，蓦然回首，在过去的这么多年里，自己都没有为某一件事情奋不顾身地努力过、坚持过，那你又如何能够体会到成功是什么滋味呢？

你想要的成功，你坚持过了吗

一个人的成功不在于他每天做了多少事，而在于他每天做了多少为自己的成功之路添砖加瓦的有效事件。很多人总是在自己可预见的时间里做一些毫无意义的事情，而在那些不可预见的时间里又不知道自己能做些什么，是否能够坚持下去，或者能坚持到哪一步。但是，既然你是一个有野心的人，既然你想做到自己心中想达到的程度，那你就必须为了它不断地坚持，坚持到最后不一定有结果，但是你不坚持就毫无希望。

读书的时候，你有看到身边那些永远处于前几名的同学一直在打打闹闹、毫无学习之心吗？工作了之后，你又有看到有人在没有任何努力的情况下就轻易做出一套方案的吗？所以，做任何一件事情都需要从一个提前规划开始，也需要在这个过程中不断地坚持，没有人是可以随随便便成功的，那些优秀的强者都是经历了无数黑暗中的孤独才能做到如今不管面对什么样的风浪都能气定神闲。

郭子强大学毕业以后进入了一家销售公司，但是他从小就懒散惯了，所以做什么事情也没有很差，也没有很优秀，放在人群中就会被淹没。从小到大郭子强都是一般的成绩，读了一般的高中，考了一般的大学，学了最平常的专业，也成为了大家眼中那个最不起眼的人。再加上他一直不是很坚定，做什么事情都没有很强的毅力，所以不管是自己的专业课还是自己的兴趣爱好都没有很强大的实力，这让他在毕业找工作的时候很没有优势。

销售是一个没有门槛的行业，只要你愿意进来、品行端正就可以迈过这个门槛，然后还会有专业的人员来教你，直到你掌握了所有的技能。一开始刚进入这个行业，郭子强还有一些新鲜感，对所需要的技能和专业能力上的理论知识都还能认真地听下去。但是当他真正开始接触业务的时候，所面对的突发情况就是千变万化的，在他招架不住的时候，他总是想要放弃。可是谁的成功是轻而易举就得来的呢?

在人生的第一份工作上，郭子强做出了最大的坚持，即使每次想要放弃，都会在冷静下来的时候考虑这件事情该怎么解决，他不想让自己后悔目前做出的决定，也不想让家人对他越来越失望，所以即使整月整月地没有业绩，压力巨大到特别想放弃的时候都坚持了下来。

3年以后，当郭子强第一次站在公司的领奖台上，流下了激动的泪水，实现了最初对自己的承诺，也终于能成为一个让父母骄傲的儿子。在每一段需要鼓励自己的时光中他都默默地坚持着，他相信现在的默默无闻都是在为厚积薄发做准备，他也相信那个一直都在鼓励他的师傅的话，他的坚持一定会得到最好的回报。

对于郭子强来说，这3年的时光没有白费，因为每一个前途迷茫的时刻都需要坚持来沉淀，而他也用自己的成绩做到了对之前孤独奋战的慰藉，他没有让任何人失望，也成为了找到方向之后的最令人满意的自己。

成功并不是最后你站在了最高的领奖台上，而是你一直在跟自己的意志力作斗争，最后你战胜了自己，而此刻成功只是你人生的附属品。前面的路还很漫长，为了自己想要的生活，为了心中的梦想，再坚持一把吧！

每一件事情坚持到最后都是有意义的

爱迪生说：成功是99%的努力再加上1%的天赋组成。无可否认天赋对于一个人的重要性，但是如果只有天赋没有后天的努力和坚持，怎么能够在最后时刻一伸手就够到成功呢？爱迪生不也是在试验了一千六百多种材料才找到最适合电灯的材料吗？所以，不到最后一刻，你就不知道未来会发生什么，也许你坚持一下，再坚持一下，就能够看到你心目中想要的光明。

沈青小的时候并不知道自己的梦想到底是什么，自己未来到底想要干什么。家庭还算不错的她一直在无微不至的呵护下长大，从来也没考虑过以后的生活到底会面对什么样的困难。

但是父母对她在学习上的要求很严格，所以沈青在学生阶段的全部生活都是围绕着学习来转，她也没有辜负父母的期望，学习成绩在班级里一直名列前茅。在这个时候沈青能说得出来的兴趣爱好，就是周末时在家里安安静静地看个电影了。

进入高中后的沈青渐渐地接触到了很多兴趣爱好，人也渐渐地变得开朗了起来。很快就到了12月份。学校的传统是12月份是艺术月，每个班级都可以报名参加选拔，获得登上最终闭幕式舞台的入场券。就是这次的艺术月活动让沈青在心里埋下了一颗小小的种子。她看到了学长和学姐们的一出《雷雨》的话剧，特别喜欢他们在自己的角色中表达自己的情感，也特别喜欢这种能够吸引人的故事情节同时带给观众一些深刻反思的艺术形式，再加上沈青本来就喜欢看电影，所以她就给自己在心中种下了一个梦想，她想成为一名优秀的演员。

父母虽然不想让女儿踏进演艺圈这样一个是非之地，但是看在女儿这么喜欢的分上，还是默默地妥协了，女儿难得有这么明确且实际的想要完成的事情，他们觉得自己应该成为女儿强有力的后盾。于是沈青就开始在课余时间参加艺术培训，她必须从现在开始准备，相比别人来说她已经落后了很多，所以她需要付出比别人更多的努力。艺考的时候，当沈青去参加自己最心仪的学校的面试的时候，考官说："你的样貌并不是很出色，而且你自身的实力并没有特别的出挑，在这样一个竞争激烈的环境下完全没有竞争力，所以你还是趁早放弃，及时止损比较好。”面试官的话虽然很残忍，但是却异常中肯，虽然在一定程度上伤害到了沈青，但是同时也激励了沈青内心的斗志。沈青回去之后在心里暗下决心一定要进入这所学校，她要让那些看不上她的人都能被她的实力所征服。在复读的那一年，沈青抓紧时间锻炼自己的形体，学习各种各样的才艺和专业实力，最终再次站在考场上的时候她终于成功了，进入了她理想的学校。

但是进入学校只是进入这个行业的第一步，班里的同学全部都是样貌上和实力上比较优异的人，沈青真的没有什么优势，于是只能脚踏实地学习专业课。4年的大学时光，其他同学都在不停地接着工作，有些人有了点名气，有些同学还是默默无闻。但是4年时间沈青有了足够的专业实力，她开始接一些戏，虽然不是什么很重要的角色，但是每一次机会她都好好珍惜，认真打磨每个人物身上能够抓人眼球的闪光点，这让她在业界渐渐有了口碑，只是一直没有大火。

但是沈青渐渐开始有重要的角色可以拍，相信在不久的将来沈青一定可以用自己的实力征服广大的观众，成为更加优秀的演员。

人生没有无谓的坚持，也许现在你的坚持和你以后的人生之路看似没有什么关联，但是它一定会在你之后人生的某一个阶段沉淀下来。学到自己心里的东西就永远都是你的，所有你现在学习到的东西虽然现在来看毫无意义，但是当未来的某一刻你遇到了一个机遇，你就会在内心感叹："幸亏我学习了这个。"那个时候你会觉得这是一件多么幸运的事情。有勇气开始那就需要更大的勇气去坚持下去，因为一切都是有意义的。

看似无谓的坚持胜过不加努力的高天赋

有人说："再高的努力也抵不过傻傻地坚持。"其实仔细想想，这个世界上哪有无谓的坚持，那些看似有点傻傻的又有点愚蠢的坚持，只不过是对你想做的事情进行重复，你自己都不知道未来会发生什么样的事情，等到你终于实现的时候，别人往往会以为你是幸运的，认为这个世界很少见的奇迹发生在了你的身上，其实那不过是你一点一滴积累的而已。

仲永的故事我们大家都听说过。仲永小的时候在还没有见到过笔墨纸砚的时候就跟父母吵着要这些东西，这让他的父母很是诧异，等仲永拿到笔墨纸砚的时候，便写出了四句诗，诗的主旨就是要赡养父母，妥善搞好宗族关系，不仅主旨高度够高，这首诗在文采上也有很多可取之处。从那以后，仲永就美名在外，只要有人给仲永出了题目，他就能够作出一首好诗。这也让仲永的父母尝到了名利双收的甜头。从此以后，他的父亲就每天带着仲永四处拜访，不让他学习。

缺少后天知识滋养的仲永在学识上渐渐地没落了，几年之后，他就变得和一个普通人一样，再也作不出更好的诗句来了。王安石说："仲永的才华是天生，上天赋予了他这样好的才能，他没有好好珍惜，后天不加以学习成为了一个普通人，如果本来就是一个普通人，后天又不接受更好的教育，那不就更成为一个普通人就为止了吗？"

天生的才能是上天给予的最好的礼物，但是如果在此后的人生不积极进取，寻求更广大的知识的海洋，那最终的命运只能是归于平庸。但是，如果一个天生本不聪明的人，一直坚持不断地持续为自己赋能，那么长此以往下来，他所能达到的高度便是无法想象的。

著名的战地记者西华莱德先生就是这样一个善于坚持的人，而正是这样坚持的品质让他成为了一个成就更高的人。当莱德先生推掉自己其他的工作开始写一本书的时候，他的内心其实是惶恐不安的，因为他同时推掉的是他不忍心割舍的作为教授的尊严，他自己在内心里也不能确保自己能不能把这本书写好。后来他开始硬着头皮一段一段写，他不想着下一页，也不想着下一章，只想着自己能够得着的下一段，就这样不停地写，最终出乎意料地完成了。

后来的一段时间，他又接到了一个新的工作任务，那就是每天都写一个广播剧本，当他坚持到2000天的时候，他发现自己已经坚持写了2000个广播剧本。莱德先生心想，如果当时给他一个写2000个广播剧的合同，他肯定会被吓到，甚至会选择放弃签订这样一个合同。但是心想着每天只写一本，第二天也是只写一本，就这样一天一天坚持下来，也就完成了。所以，能成为一个优秀的作家，你就必须让自己每天都坚持下去，不管刚开始你能写成什么样子，坚持下去总会有收获的。

成人的世界里没有怜悯和幸运，所有的事情都要靠自己一点一滴地去打拼，而所有的成就都是靠自己一步一步坚持下去得来的，而所谓的幸运也只是自己坚持到了一定的程度而有所爆发罢了。

没有人能够不劳而获，只要做好了前期的准备工作，每一步都踏踏实实地坚持下去，即使是看似没有任何结果的坚持，即使在别人看来是愚蠢的坚持，只要你觉得对自己的未来是有益的，那你就傻傻地坚持下去吧！生而为人，就要勇敢地面对未来的每一分苦难，将其化作心底最踏实的力量。

靠坚毅的心才能走出自己的成功之路

当一个人走到一定的高度，他已经能够用自己的人生阅历来面对人生接下来的一系列的挑战。想到当时自己面对的一切困难，也会想起当时的自己面对这些艰难困苦时的软弱和恐惧，当然，也会感谢那个时候的自己没有退缩，敢于向所有的困难发起挑战，不屈服于所有的困境下胆怯的自己。只要坚毅，终有成功的一日。

程一曼是一名舞者，自从3岁开始就一直学习舞蹈的她，因为内心的热爱从来没间断过舞蹈练习，也是因为这份热爱和这份勤奋，她成为了一名专业的舞蹈演员，也因为这份兴趣爱好，拥有了自己谋生的职业，这对所有人来说都是一件特别幸福的事。但是程一曼也从来没有想过有一天自己会面临着跟舞蹈告别的困境。

在程一曼签约到自己的公司的第二年，有一次去外地演出。演出的时间是晚上，等结束了之后都已经是半夜了。但是，为了赶上下一场演出，他们需要连夜赶车到另一个城市，就在那个下雨的晚上，他们的车子在高速公路上发生了连环追尾，好几辆车子上的人员都有巨大的伤亡，程一曼他们的车子伤亡情况最严重。但是相比那些没有挺过去的人来说程一曼是幸运的，她还能看到每天升起的太阳，但是不幸的是，她失去了双腿，在一定程度上也失去了自己的梦想，她再也无法站起来，也再也无法像以前一样翩翩起舞。

在那样一段黑暗的日子里，程一曼觉得自己活着都是父母心中的负担，看着父母每天小心翼翼地跟自己讲话，看着自己空荡荡的双腿，她经常想自己还不如死了算了。也曾经尝试过结束自己这样不堪的一生，但是每当看到父母为自己收拾残局的模样，就会让程一曼的心里更加难受，她讨厌现在这样窝囊的自己。

终于有一天，她开始不想要这样的人生，她想自己既然活着就一定还有自己的价值，上天一定不会让你的人生道路走入绝境。失去双臂的刘伟都可以凭借着自己超强的毅力成为一名优秀的钢琴家，她为什么就不能突破自己的极限重拾自己的梦想呢，她一定也能够像刘伟一样精彩地活着。

她开始借助器材帮助自己，使舞蹈过程中的动作更加流畅，也开始创作出一些适合自己的舞蹈动作，为了一支舞蹈原本可以很快就全部学会，现在要花费多长时间，连程一曼自己也不知道。所以她要不断地练习，直到完全掌握为止。就这样，程一曼又重新站到了自己留恋的舞台上，尽管她失去了双腿，但她依旧是美丽的舞者。

若是一个人从来没有奔跑过，那么他也只是对奔跑有所羡慕。但是若是本来就是一个健健康康的人，后天遇到一些挫折导致自己无法站起来，更无法像以前一样努力地奔跑，那样对人生才是更加沉重的打击。对于程一曼来说，那一段艰难的时光并不是一件坏事，她开始感谢岁月给自己带来更多的沉淀，也感谢当时的自己坚强地撑了过来，未来的一切都会向着更美好的方向发展。

这个世界的成功之路永远属于那些不断攀登的人，因为他们总是能够用超出百分之百的勇气来面对生活中的每一个困难。退缩永远不是解决问题的态度，打起心中的十二万分的精神，打败自己内心的恐惧，以不惧怕任何事情的态度去解决每一个发生在自己身边的难题。生活就是这样，永远在不经意之间给你带来人生的历练，但是既然是人生就需要不断地克服困难走下去，坚毅和乐观的心态永远是你人生最重要的调和剂。

你不坚持就永远不知道自己能做到哪一步

前一段时间看到了这样一句话：“那些最可怕而又让人敬佩的人是：他们说要起床立马就能起床，说要睡觉就能立马放下手机，说要学习就能马上阻隔一切诱惑因素进入高效学习状态。”是的，执行力强的人总是能对自己的行为做到得心应手的控制，他们控制得了自己的生活，当然也能成功地控制自己的人生。

这个世界上大概没有人不想慢慢悠悠地享受生活吧，即便是那些高度自律的人也会有疲惫的时候，也会想自己能不能在某一时刻抛下所有烦恼的一切，也会在自己的低潮期厌弃自己带给自己的困境，想要逃开这可怕的生活。难道能说那些能够说起床就起床的人在寒冷的冬夜没有想在温暖的被窝里多睡一会儿的想法吗？他们心中也有恐惧，恐惧自己即便是这么努力了仍旧不能走到自己想要的位置，但是，谁不是在恐惧中摸爬滚打，不坚持下去就永远不知道自己还能走多远，只有走下去了，才知道前面的道路到底是光明还是黑暗。

陈明明小的时候从来没有考虑过生存的问题，父亲经营了一家汽车贸易公司，从陈明明记事开始，父亲就很少在家里待着，但是只要父亲跟陈明明在一起的时候，就会很耐心地陪伴他，所以陈明明对父亲除了崇敬还有很深的依赖感，只要是自己有什么问题，父亲都能很顺利帮他解决。从小的时候，陈明明就在心里希望自己以后也能成为一位优秀的商人。

事情就发生在陈明明高三那一年，过年的时候，陈明明父亲的应酬就会变得很多，由于公司出现了财务危机，所以父亲也在四处奔走，整日里他也见不到父亲的面，但是陈明明由于学业繁重也没有多余的时间来思考其他的事情。突然有一天晚上，陈明明还在书房做着一道怎么也解不出来的物理大题，一通电话打破了家里的宁静，父亲出车祸了，被紧急送到了医院，陈明明跟随母亲急忙赶到了医院，经过一夜的抢救，死神还是带走了父亲宝贵的生命，这对于这个家庭来说是一个特别沉重的打击。从那以后，陈明明就像变了一个人一样，他开始变得越来越孤僻，学习成绩也一落千丈。当然，在那一年的高考，陈明明什么学校也没考上，成绩出来的那一天，陈明明在父亲的书房里待了一夜，对于这个初成年的年轻人来说，这一切都是噩耗，他觉得自己的生活大概是世界上最糟糕的，自己最敬爱的人突然离世，公司也出现了巨大的危机，他不知道该怎样去面对这即使光明着也如同黑夜一般的世界。

但是家里已经没有什么可以失去的了，为了让母亲坚强起来，他只有让自己先变得坚强，他开始处理公司里的一切事务，为了付清员工的工资，他把所有该卖的东西都卖了。他开始收拾心情准备复读，他要让自己更加强大，才能成为像父亲那样睿智的人，才能重新帮助父亲东山再起。于是陈明明很努力地学习，很努力地打工，也很努力地为了以后的一切而奋斗着，相信未来的陈明明一定可以像他的父亲一样成为一名优秀的商人。

这个世界上应该有很多人是找不到自己的方向的吧，与其说看不到自己的未来，倒不如说自己到底该干些什么，能做些什么都不知道，这应该才是最可怕的事情。陈明明一直认为人在面对未知的事情的时候并没有那么的可怕，可怕的是你曾经拥有过，却在失去了之后重新体会那些对未知的恐惧感。那是一直没有底气的期待和恐惧。

没有人会是永远顺风顺水的，这个世界最可怕的不是天空的灰暗，也不是外界带来一切打击，最可怕的是自己都觉得自己不行，当你丧失了对这个世界的激情，而变得真正懦弱，勇气不是没有恐惧，而是纵然你在艰难地面对恐惧也能够勇敢地走下去。

每一次生命的奇迹都源于持续不断的坚持

小时候看电视剧的时候，男女主角总是在大冒险的最后时刻，祈求奇迹能够到来。虽然他们经历了诸多的劫难，但是在最终面临最强挑战的时候总会缺点火候，略显劣势。但是，他们已经靠着自己的努力打拼到了现在，所以这个时候即使是有奇迹发生，也是他们自己努力的结果。这个世界上本来就没有什么奇迹，所有的奇迹都来源于自己持续不断的坚持。

2006年无疑是演员胡歌最重要的一年。在事业最如日中天的时刻，他经历了一场特别严重的车祸，那是在拍摄新版《射雕英雄传》的时候，有一天结束了所有的拍摄工作，胡歌和助理一起乘车离去，也可能是由于下雨的原因，那样一场灾难就从天而降，女助理不幸在自己最花季的年龄离开了这个世界，而胡歌在这场车祸中也受了重伤，颈部和右眼缝了100多针，眼部也由于烧伤做了植皮手术，即使是13年后的今天，我们依然能够看到胡歌右眼明显的伤痕。

胡歌的母亲是一位睿智又慈爱的人，也是母亲的鼓励让胡歌能够乐观地面对那场人生的艰难，活出自己生命的奇迹。那样让人生不如死的经历，对于一位演员来说是一个过不去的心结，他的母亲告诉他：“以前观众更在意你的外表，现在上天在你的脸上开了一扇窗，是希望观众可以更多地看到你的内在。”因为这句话，慢慢地融化了胡歌心中的寒冰，他开始打开心结，重新在这个他梦开始的演艺圈继续打拼。他开始慢慢地磨炼自己的演技，接没有人敢接的话剧，作为最能够磨炼演员实力的演绎形式之一，胡歌开始在新的领域得到更多的反馈，他拿到了国际舞台表演艺术最佳男演员奖。

2015年对胡歌来说同样也是意义非凡的一年，他上了三部好的电视剧，都市喜剧《大好时光》，谍战剧《伪装者》，古装权谋剧《琅琊榜》，口碑一部好过一部。而对于不同题材的表演，胡歌都能拿捏得恰到好处。有人说："这是胡歌强势归来的一年。"但是我更觉得这是胡歌在不断磨炼自己演技的爆发，他有的是实力，缺少的只是那样一部让人心潮澎湃的作品。

爆红后的胡歌依旧没有迷失自己，他对自己事业的发展方向很有想法，所以才能在那样的时刻，抛掉自己身上所有的包袱，重新进入校园。他不忘初心，想要在自己现有的道路上找到自己新的突破口，不想让自己沉浸在现有的成就之上，他为了自己的下一个奇迹还在不停地坚持着。

在这样十多年的日子中，胡歌也许每天都在想着自己怎样才能够做到最好，也每天在沉寂中不断地坚持着，他相信自己只要做好自己演员的本职工作，就一定能够重新得到大众的认可。当然他也一直都把母亲在最初入行的时候给自己的那句重要的话放在心间："演戏不要看钱多不多，要看剧本好不好。"所以，胡歌接到了《琅琊榜》，也用自己的实力演绎出了观众心中最想看到的林殊。

生存本来就是人生的一场奇迹，只有活得更好，才能够给自己的人生奇迹增加多点色彩，就像鲁迅所言：这个世界本没有路，走的人多了也就成了路。这不就是坚持的结果吗！所以每一个人生阶段的路，要想走好，就一定要耐下心来，一遍又一遍地重复，一次又一次地坚持，才能给自己的人生走出一条宽阔的大路。当然，也并没有人非逼着你走哪一条，听从自己的内心，才能在最不如意的时候，不责怪别人，只追责自己，并且咬着牙坚持下去。

第3章 将欲望转化为迎战的决心——有多少渴望，就有多少胜算

世界上的所有事情都是先敢想才能做出它的相关计划和实施步骤，没有想要得到它的欲望，那你永远也不会为了它持续发力。生命中会有很多欲望的瞬间，太强烈的欲望会让人走入思想的误区，所以很多人惧怕欲望，总是在很多时候由于各种各样的原因，控制自己的欲望。但是，没有欲望也不是一件好事，适当的欲望能够让自己在面对困难的时候有更加强烈的决心，而这个决心往往能够在最关键的时刻起到最大的作用。坚持并且有坚持下去的勇气永远都是走向成功的利剑。

落地实施才是梦想最初的起点

高晓松曾在《监狱184天谈话实录》中写过一句话：“人生不只眼前的苟且，还有诗与远方。”在这个世界上很多人都在为着自己的梦想不停地努力着，但是也并不缺乏没有梦想的人。对于一些平凡的人来说，他们从小到大都没有特别明确的目标，他们不知道自己最终想要做什么，所以不管是上学的时候还是长大了以后工作的时候都一直在走一步算一步。所以，他们一直都还是普通的平凡人。而那些有梦想的人，他们一直都知道自己想要做什么，并且一直都在为自己的梦想添砖加瓦，为了那个最终的目标努力奋斗着。

但是，也并不是所有有梦想的人都一直在努力着。有些人可能一直都有梦想，但是多少年过去以后，也依旧还只是一个有梦想的人。所谓如果拾荒者只有拾荒的渴望，那他永远都只是拾荒者，他永远不能成为一个实现梦想的人。

还记得那些年那封火爆朋友圈的辞职信，“世界那么大，我想去看看”就是出自顾少强那颗不愿意被关住的心灵，于是她便放弃了那份稳定的教师工作，收拾行囊踏上了说走就走的旅程。这对于文艺青年小雷来说是一件特别自由又让人羡慕的事情。他也有一颗同样渴望自由的内心，但是却一直没有说走就走的勇气，他的梦想是成为一名职业的旅行家，却依旧是畏首畏尾，不敢踏出自己的第一步。

每个人的人生都是要靠自己的选择，但是那些能够做到跟随自己内心的人才能活得更加潇洒。小雷每次萌动的心灵都会被生活所打压，其他的朋友每次看到他的第一句话都会问："小雷，你的路费攒好了吗？"小雷也会打趣地说道："没有啊，还差一点点，你要不要借我一点。"虽然小雷的手机里存了很多各地名胜的照片，但是他去得离家最远的地方还是自己的学校，最终依旧没有出省。

现实的工作依旧在继续，大学毕业后的小雷结婚生子，生活中的琐碎和压力一直在磨炼着小雷的精气神，他要做的事情太多，却依旧把自己梦想抛到了脑后。但是梦想摆出来就是要实施的，如果你不拿出行动，就只能是一个摆在心中的梦想。

想到这些的小雷开始做出了准备，首先他给自己存了一笔旅行基金，他也开始搜集那些穷游的信息，既然目标是走遍世界，那么穷游也是一件能够体会到当地最地道的文化风俗最好的方式之一。他开始利用节假日的时间去周边走一走，渐渐地越走越远。他用自己的闲暇时间把自己的旅行经历整理出一本旅行笔记，记录自己的所见所闻和当地的一些独特的风俗文化，渐渐地受到了越来越多人的喜欢。就这样，小雷跳槽到了一家旅行规划公司，成为一名职业旅行家，为越来越多的人开发旅行路线。

梦想就是要拿出来摆在眼前，它会时时刻刻提醒你该往哪个方向走，没有任何行动的梦想只是一个目标而已，并且是一个永远都完不成的目标。小雷遵从了自己的内心，清除了自己身边的障碍，努力地解决那些之前一直困扰着的难处，也就一步一步达成了自己的梦想。没有什么是做不到的，只要你愿意，终会有梦想成真的那一天。

一个好习惯的养成需要你潜移默化地自我催眠

你肯定听说过“要想养成一个好习惯就必须要有21天的坚持”的这种说法吧。其实这不过是一些所谓的人生导师为了营销所打出的旗帜罢了。伦敦大学的一支健康心理学研究团队曾在欧洲某一本社会心理学杂志上发表过他们的研究成果：要养成一种新习惯，平均需要两个多月，如果说得再准确一点就是66天。在这样一个时间段之后，一个行为才能自然而然地发生，变成你自身的习惯。

没有一个好的习惯是那么好养成的，那些所谓的21天习惯养成法不过是那些不想用自己的毅力对抗自己惰性的人，想要靠时间来蒙蔽自己可以变优秀的虚假理论而已。你坚持了21天每天都早起，但是之后的每一天你想赖床，还是会回到最初的起点。所以人必须要时时刻刻告诉自己：我能做到，我可以变得更好，才有可能战胜自己的坏习惯，朝着成功的方向迈进。

现在的年轻人夜生活花样众多，各式各样的小聚轰趴随时都会消耗掉一晚上的睡眠，即使是就在家里，也会磨磨蹭蹭看看手机，打打游戏，好不容易洗漱完毕躺在床上，还要再拿起手机刷刷微博，看看朋友圈，不知不觉之中已经到了后半夜。有研究结果表明：现在的年轻人有九成是在凌晨1点钟以后入睡，这显然成了现在的社会风气。苗青今年已经30岁了，不得不感慨年龄真的是一种资本，原先苗青怎么熬夜，第二天也会精神满满地去上课，中午休息一会儿，下午依旧还是能够认真听完所有的课程。但是现在的她，只是熬夜到12点睡觉第二天也会冒出痘痘来，更别提自己精神的不济和脸上呼之欲出的疲惫。

有一天，苗青感觉自己头很晕，身体特别难受，也感觉自己食欲不振，起初苗青并没有感觉有什么问题，但是连续几天苗青都是这种状态。终于在第三天的中午，她请了一下午假去医院看一看。医生说："你这就是长期熬夜导致的，长期睡眠不足会导致免疫力下降，感冒、肠胃感染等自律神经失调症状都会发生，严重的话还会导致心血管病的发生，你现在还不是很严重，但是一定要注意休息，晚上一定不能熬夜。多运动，多喝水，多补充维生素就行了。"

回去之后的苗青开始重视自己的作息习惯，但是她已经养成的习惯真的很难再改掉。回到家的苗青早早地准备好躺在了床上，但是翻来覆去一个多小时，依旧没有睡着，还是折腾到半夜才渐渐地进入睡眠。苗青心里很是忧虑，她觉得自己已经不能做到早睡了，她开始找办法让自己能够更快地入睡。首先你得在心里告诉自己可以做到，你心中给自己打退堂鼓就一定做不到自己的目标。其次，你要让白天的自己繁忙起来，只有一天的运动量达到了，才能在夜晚来临的时候更快地进入睡眠。最后，一个目标要一点一点地完成，凡是急于求成就容易走进死胡同，给自己心里更大的打击。所以，苗青先让自己提前半小时睡觉。慢慢地提前10分钟，再10分钟，最后再稳定在正常的睡觉时间。慢慢地，苗青渐渐地变得回归到正常了，苗青开始培养自己的运动习惯，起初也是坚持不下来，但是为了自己的身体，苗青也是开始根据自己的生活习惯安排自己的运动计划，一开始的时候给自己安排较轻的运动量，一点一点慢慢增加。现在的苗青已经成为自己朋友圈里的健身达人，身体和精神状态变得越来越好，感觉自己都变得年轻了很多。

不只生活上，自己的学习习惯也需要随时暗示自己才能给自己更大的底气，这样才能给自己的成功之路带来了更大可能性。随后，要为了目标不停地找方法，找到合适的方向，并坚持不断地努力下去，成功的大门就一定会为你敞开。

够拼命才能拥有面对的力量

这个世界有太多的挑战，没有人能够一帆风顺、轻而易举地完成自己人生中的挑战，总是要付出足够的精力，吃过足够多的苦才能感慨人生真的是丰富和令人珍惜。心中坚定的信念和不放弃的心态就是成功最重要的筹码。

想要完美地做好一件事情太难，必然会面对更多的艰难险阻，遇到更多的意料之外的挑战，所以拥有坚定的心是成功人士的必要条件。一个人内心对一件事情有多大的渴望，那么他心中就有多大的力量，他才能拥有更大的勇气来面对即将遇到的风浪。有人说：将愿望转化成面对世界的决心，你就拥有了改变世界的力量。

程敏小的时候就是一个爱看书的安静女孩子，在邻居的眼中，程敏总是那个乖巧的姑娘，每天除了学习就一直在书架前沉浸在文字的海洋里，不像自己家调皮捣蛋的孩子。一开始程敏只是看童话故事，这也是小朋友最喜欢的书籍之一，随着年龄慢慢地变大，程敏能够看懂的字也越来越多，她开始看越来越多的文学名著，从国内的到世界范围内的文学作品，程敏总能通过自己的喜好找到自己喜欢的。

在这样的情况下，程敏渐渐地长大了，也在心中埋下了一个梦想。有一天，她跟妈妈说："我想成为一名作家，我想成为一本书真正的作者。"妈妈对于女儿的愿望总是万分支持：“只要是你经过深思熟虑的梦想，妈妈都会支持你，你需要什么帮助，就直接跟妈妈讲，在能力范围内妈妈都会帮你完成。”

但是，程敏的文字编辑能力并没有很强，语文科目中的作文分数一直都不是很突出，但是程敏依旧没有让自己灰心，她认真地学习语文方面的各种知识，增加自己的文学素养。等到高中的时候，学业越来越繁重，但是程敏还是没有忘记自己心中的梦想，每天都会抽出一个小时读书，保持自己对文字的熟悉度。

有一天，程敏的妈妈说：“你为什么不尝试投稿呢，总是自己一个人默默地写找不到自己的差距，拿出来接受别人的检验和批评才能让自己更加快速地成长。”但是程敏是一个胆小的姑娘，总是怕自己写不好，也不敢拿出去给别人看。不过在妈妈的鼓励下，程敏开始鼓起勇气，踏出自己的第一步，但是并没有收到任何的回音。但是程敏并没有放弃，她开始更加努力地写，自从决定投稿开始她就每天写一篇文章，不管那一天会忙到什么时候，她都会在夜深人静的时候拿起手中的笔。她不想给自己留任何退路，为了让长大后的自己不后悔。

在程敏投稿的第十次，她终于收到了回复，也拿到了人生中的第一笔稿费，虽然这笔稿费并没有很多，但也极大地鼓励了程敏，她能够抱有更大的决心坚持自己的梦想。大学的时候，程敏如愿选择了自己喜欢的汉语言文学专业，也开始给自己增加每天的写作任务。最终，在程敏大学毕业的时候写出了自己人生中的第一本书。

现在的程敏已经成为了一位作家，出过几本励志题材的书籍，也算是有很多读者的小有名气的作家，但是谁能想到就是这样一位作家小时候的作文并没有得到过很多的夸赞，还曾因为不及格而躲起来哭过鼻子。但是她并没有因为自己做得不够好而放弃，反而更加直面眼前的阻碍，并坚持让自己成为更强的人。

每一个人面对困难的时候下意识的反应可能都是逃避，但是只有勇敢地面对这一切的打击，才能有更多的力量去让自己变得更加优秀，程敏面对退稿并没有心灰意冷，也没有羞愧得放弃自己的理想，反而直面自己的不足，努力提高自己的技能，让自己变得更加的优秀。只有切实感受到了自己的不足，才能有更多的力量弥补自己的短板。

人生还有无限种可能，也会遇到越来越多的困境，不管你已经做到哪一步，只要人生还在继续，历练就不会停歇，拿出你最大的勇气，拼尽全力你就一定能够走向更加广阔的人生。有人说：将愿望转化成面对世界的决心，你就拥有了改变世界的力量。

人的精力有限，你的精力只够关注你想要的

时代在进步，如今进入互联网社会的每个人都活在一个信息爆炸的世界里，一部小小的手机可以让你轻松关注到这个世界各个角落的任何信息。但是信息的便捷带来的就是各种信息的全面覆盖，找到有效信息需要花费更多的时间，每个人的精力都是有限的，你要想让自己的时间能够有效地利用起来，关注真正对自己有用的，才能让自己的时间更有效率。

生活中是这样，在人生规划上也应该如此。《中华人民共和国职业分类大典》将我国的职业分为8大类，1900多种职业。但是每个人一生之中能够一心一意把一件事情做好就已经很不容易了，所以不要给自己定太多的梦想，只要你能够在一件事情上做到足够精细，不断地往更深处去挖掘，你就已经是某一领域的专家了。

距离魏爽大学毕业已经有两年的时间了，在工作的这两年时间里，魏爽无数次想要离职，但是都没有找到一个合适的理由，也没有更好的工作机会可供她选择，所以就一直坚持到了现在。在此期间，魏爽折腾了很多次，但是没有一次让自己能够成功地跳出现在的圈子。

刚开始进入这家公司的魏爽抱着一种新奇的态度和心情，每天都在接触自己之前都没有碰到过的事情，工作自由并且踏实快乐。但是时间长了之后，总会遇到越来越多的工作难题和

来自领导的责备，她也不想就这么一直坚守在这个并没有太多职业前景的公司，在一定的年龄到来之前就必须让自己掌握一项别人无法轻易做到的技能，这样才能在公司找到不可替代的位置。

她想着继续自己之前没有做到的事情，继续考研，但是又不想考自己的本专业，经过一番考虑她决定跟身边的朋友一起考法律专业，由于自制力不强，加上工作强度的增加，魏爽压根没有更多的时间来看书，最终只能选择放弃。她又想过考公务员，但是依旧存在时间的问题，复习得不够，考试成绩当然不合格。看朋友圈里有微商做得风生水起，魏爽内心也总想尝试一把，于是经过简短的联系之后，交了钱，朋友圈发了一段时间并没有人进行询问，魏爽又放弃了，就这样折腾下去，两年已经过去了，她还待在自己给自己圈定的局限之中。

有一天魏爽在跟她的一个朋友聊天，闲聊之中就开始抱怨起自己现在的工作，也聊起了自己最近一段时间的轨迹。朋友说："做每一件事情需要全面地考虑它的前景和职业发展，并且要结合你自己的兴趣爱好。每一件事情想要做好都要经过无数无聊的重复，每一件事情拿到手中，不管你之前多么喜爱，职业化之后都会让人觉得枯燥。要想做好，你就必须沉淀自己的内心，心无旁骛地坚持下去，绝对不能今天想干这个，明天想干那个，选好一件事情，不管有多难，花费自己全部的精力坚持下去，你就一定可以做得很好。"

魏爽开始思考自己真正想要做什么，从小就耳濡目染美妆护肤知识的她开始决定重新拾起自己的微商代购，一边工作一边研究怎样才能让自己的产品更加吸引客户，即使依旧还是没有人来询问，她还是坚定地学习着。时间长了，终于有人开始找她了解，她也渐渐地开始把自己的这项爱好发展成自己的事业。

每个人都是这个世界独一无二的个体，每天都会有无数的想法从心中闪过，那些最让你割舍不掉的事情也许就是你应该用尽一生的时间去坚持的事情。人的精力就这么多，少一点浪费的时间，那么你就为自己喜欢的事情多争取了一点时间。梦想不是一闪而过的一个渴望，而是即便异常艰难的路自己都能很享受地走下去的生命历程。加油生活过的每一天都是生命的宝藏!

你对事情的渴望程度，能证明你的能力有多强

你有过特别想做成一件事情的时候吗？你有为了自己的梦想拼尽全力地努力过吗？你对现在的生活还满意吗？如果你觉得不满意，那么你有想过要改变吗？没有人非逼着你走在什么样的人生道路上，也没有人规定了你人生的高度，一切都掌握在你自己的手中，也许你现在的生活并不是很开心，换一种思

路，换一个方向，也许会更加通透一点。

想好自己想要做什么，能够做什么，放开了自己所有的渴望，你有多想达到这个目标，你就会花费多大的心力去专心做这件事。现在有很多人心中是有梦想的，但是身体上并没有任何的表示和行动去坚持学习，这就代表着其实他们内心的渴望程度还不够高，还不足以支撑他们消耗掉自己的耐心和精力去为此努力，其实只要合理规划好自己的时间，就能够在自己的能力范围内积累到足够多的时间来支撑自己的梦想。

陈雯雯大四的时候就到现在工作的广告公司实习了，一直喜欢广告设计的她在高考选择专业的时候没能跟父母对抗成功而选择了相对安稳的会计学，但是进入大学的她并没有放弃自己的这个梦想，并且一直在暗自蓄力，想要毕业后的自己能够有实力选择这样一份渴望已久的职业。

在大学期间，除了完成自己的专业课程之外，陈雯雯找了很多的广告学的相关课程来学，现在的网络课程这么完善，找到一些有用的网课资源并不是一件很困难的事情，只要你用心就肯定能找到对自己有用的东西。在自己的课程之余，她还搜集了学校广告设计专业的课程表，对照自己的课程表有时间就去听课，老师布置的作业自己也会用心完成并在课余时间找到老师给自己一些指导建议。每年会有很多的广告设计大赛，陈雯雯每次都会认真对待积极参加，经过自己不懈的努力，陈雯雯的一些作品也获得过或大或小的一些奖项，给自己在这个行业积累了一定的实践经验。

大四找实习工作的时候，陈雯雯由于专业不对口，碰壁了很多次。但是她没有气馁，依旧带着自己的作品四处面试，最终进入了现在实习的这家公司。陈雯雯特别珍惜这得来不易的机会，她特别想要通过实习期，成功转正。所以，她比任何时候都努力，她真的是拼命想留下来。

每天早上，陈雯雯都是第一个进入公司的人，她先把卫生打扫一下就开始了给自己计划一天的工作。自己的工作都做完了之后，就会跟着那些有项目在手的前辈进行学习，因为入职第一天有个前辈就跟她讲：新人要想学到东西，不仅是打扫卫生，买买早餐和咖啡这些事，一定要跟紧那些前辈才能让自己有所成长。她谨记前辈的教导，每天都在汲取着自己从来没接触过的事情。直到组长交给了她一个项目，让她出一个初步的策划案，陈雯雯十分珍惜这次机会，她开始全面地了解整个项目的详细内容，搜索资料，在那几天每天都争分夺秒，加班到半夜，策划案交上去的时候，她整个人都憔悴了很多，但是组长给予了她高度的评价。

3个月过后，陈雯雯凭借着自己优异的成绩成功转正了，她经手的几件策划案都取得了很不错的效果，组长对她的能力也很满意，就这样，陈雯雯冲破了重重的阻碍还是找到了自己梦寐以求的方向，未来还有很多个日日夜夜都可以做自己喜欢做的事情，该是多么幸福的一件事。

这个世界你能够想象到多远，你就可以走多远，没有人能够限制你的脚步，更不能限制你的灵魂，人生的每一步都需要自己慢慢走才能走出一片广阔的天空。心中有渴望才是对自己生命最好的诠释，坚持下去的每一步都铿锵有力，自信并且坚定。

想象中完美的自己才是成长的动力

这个世界上没有完美的人，每个人都会或多或少地有一些缺点，即使是一个在某一领域有很大成就的人，在某些方面依旧会有一些短板。像是那些年轻的学霸，年纪轻轻就已经背井离乡进入了大学的校园，但是他们却一点家务事都不会做，每周的衣服都还要寄回家去洗，但是却依旧不能忽略他们身上的闪光点。

在某一方面能够做到超过大部分人就已经是一件很不容易的事情了，人无完人。找到自己人生的方向，就不用对那些对自己影响不大的事情耿耿于怀。只要自己在某一个领域内能够做到成为一个完美的人，就可以给自己的人生一个更加完美的交代。即使你不是一个完美的人，那么只要你坚信自己能够成为一位完美的行业指导者，并且不懈地努力就一定能够凭借自己的实力做到更加完美。

金晓晓有一个长一岁的堂哥，从小一起长大，年纪相仿所以不免会被街坊四邻拿出来比较。而堂哥从小就是传说中的别人家的孩子。堂哥在年纪还很小的时候，自己的事情就完全可以自己做主，不管是学习还是生活上总能打理得井井有条，每次考试都是年级第一名，这也就足以让所有家长都称赞不已。

金晓晓从小也一直崇拜着自己的这个堂哥，一直拿他作为自己的榜样，因为他能在这个年纪对很多方面都有自己的见解，所以金晓晓在人生的每个重要决定面前都会询问堂哥的意见。

高考的失利让金晓晓一直抱着考研的心态度过自己的大学生涯。在选学校的时候，有名校情结的金晓晓又陷入了纠结之中。堂哥说："不要给自己太大的压力，有些事情做不到就是做不到，要给自己定一个自己现在做不到但是努努力踮起脚就能够着的目标。每个人的智力是有差距的，不要太强求。"金晓晓说："你这是在说我笨吗？"堂哥说："不是，只是在陈述一个事实。"

金晓晓知道堂哥不是看不起她的意思，但是内心还是受到了打击，所以，她在心里给自己定下一个最初定下的目标，她想用自己的努力证明自己也是一个优秀的人，想象自己是最完美的并相信自己一定能够成为完美的自己。她开始合理规划自己的时间，别人一天能够完成的学习目标，自己就算花费3天，甚至更多天也要去完成，别人一天保证自己8个小时的学习时间，自己就花费18个小时；别人给自己放假，她在学习，别人休息的时间，她仍旧在学习。总之，不逼自己一把，就不知道自己到底有多优秀。

最终，金晓晓考进了自己心仪的学校，完成自己从小进入名校的愿望，想象自己能够做到，才能给自己定下一个更加高远的目标，才能逼着自己往它身上靠近，激发自己全身的潜力，你可能都不知道自己原来可以这么优秀。

想象中自己的完美，只是给自己一个自信心而已，谁又能成为一个百分之百的完美人士呢，这个世界已经足够荒凉，不用给自己那么沉重的想法，有些人很聪明，有些人天生就做不到的事情就不用再强迫自己努力完成了，也许你现在的忍耐只是一件徒劳无功的事。自己在哪方面能做到什么程度，做到多完美就应该是一直需要努力的方向了。

第4章 成功永远站在自信的一方——你的优秀，要自己证明

生活总是能够带给人惊喜，而自信的人总能够给自己的生活带来更多的色彩，它会让你浑身都散发着光芒，不管在多么拥挤的人群中，总是能够让人一眼就注意到。所以自信的你也总能得到更多人的认可，但是自信需要实力的加持。没有人自身没有任何实力还能自信满满地在所有事情中游刃有余。所以你必须要让自己更加努力，掌握别人都没有的技能，这样才足以证明自己是真的有实力，能够让你更加光彩夺目。前方的路还有很远，希望你能够带着自信和骄傲继续勇敢地走下去。

是金子也要站在有人的地方发光

每个人都是自己世界的王者，做得好要给自己充分的奖励，做的不好也要给自己足够的鼓励来支撑坚持下去的信心，当你觉得自己已经很优秀的时候就可以寻找属于自己的时机，但是你真正做到同行业的优秀水平了吗？不要轻易拿自己跟某个行业的专业人士作比较，因为那样往往会让自己的差距无限拉大，有人说：鲁迅看似平静的叙述话语里每一句都是有目的性的，不要以为自己可以轻描淡写地就写出文章来，你跟专业的差距其实还有很远。

俗话总说：是金子总会发光的。这是一句自古以来就流传的话，每当一个人处在失意之时，总会有一位智者告诉他不要气馁，只要你是一个有真正实力的人，那么你一定可以等到那个专门为你准备的机会。但是如果你一直都是一块被埋在沙漠的金子，那样要等多少时光，才能被人发现。所以，在等待的过程中，何不鼓起勇气，主动出击，用自己的光芒来吸引属于自己的伯乐。人们总是更愿意追随性格刚强的人。

有些小朋友本身就很安静，有些小朋友性格会活泼一点，因此从小的时候就能够看出来他以后会成长成什么性格的，当然如果后天影响比较大的话，也是会有所改变的。钱红红从小就是一个性格内敛的小女孩，在所有的小朋友都在开心地玩闹的时候，她总能够安安静静地坐在一个角落里看着大家的欢笑，并且自己也觉得很开心。

但是钱红红有一个跟她的性格不太匹配的爱好，她喜欢唱歌，音乐响起的时候就会忍不住跟着哼唱起来。渐渐地，她开始在家里练起来，关起门在自己的房间学着放开自己的声音，但是在外人面前，钱红红从来不敢开口唱歌。她的母亲看她这么喜欢音乐，就送她去学习吉他和钢琴等乐器，希望安静的女儿在音乐的带动下可以变得活泼起来。但是，乐器钱红红是练习得越来越熟练，却依旧不愿意在人多的地方唱歌。

在钱红红高二的那一年，正好赶上学校的周年校庆。回到家之后的钱红红显得忧心忡忡，她的妈妈看出了她有心事，也知道她为了什么而烦恼，就鼓励她说："其实不是每块金子都能在合适的地方绽放出光芒，你需要擦去自己身上的外衣，才能让别人看到你的光彩。"钱红红若有所思地看着母亲温柔的双眼，在心里下定决心，明天去给自己报名。

校庆的那一天转眼间就到来了，在钱红红努力之下，她终于过关斩将走到了最终的舞台上，这也是她人生中的第一个舞台。一曲之后，班级里的同学全都惊艳了，没想到班级里这个平时一直安安静静的姑娘唱歌这么好听。从那以后，学校里大大小小的活动都有钱红红的身影，大学里更是学校各种晚会的常客，还跟志趣相投的小伙伴组建了自己的乐队，现在他们正准备参加更加正规的歌唱比赛，他们一定会有更美好的未来。

有时候自己缺少的只是那样一份勇气而已，钱红红勇敢地跨越自己心中的障碍，勇敢地散发自己的光芒，并且努力让光芒一直不熄灭地绽放着，前方的路还很遥远，有信心有勇气更加努力就一定会让自己的人生多很多更美的风景。

不要害怕前路有多黑暗，心中的恐惧只是一个无形的障碍，你应该主动给自己的心灵解开这个屏障，你自己的光芒就能点亮这条通向光明的康庄大道。

有能力的人更能得到别人的信服和追随

在这个弱肉强食的现代社会，非强即弱的社会规则已经深入人心，没有人可以打破这个规则从而变得更好，只有你站在了足够的高度上才能用自己的实力赢得更多人的尊重，也可以吸引更多人在更高的层次上给予你帮助。每个人在自己的工作生涯中肯定会遇到上下级关系，当然实力较强的人一般都是性格较为坚毅的人，而这类人通常有更强的工作能力和领导能力。

御姐风格的女性一般都拥有雷厉风行的性格，骨子里的强势总是想把这个事情做到极致完美才肯罢休，正是这样刚强的性格在职场上更容易给人更足够的安全感，因为不管是什么事情，领导总是你身后最重要的屏障，当你的这个屏障足够坚硬之后，才能在繁杂的工作事务之中尽情发挥自己的实力，因为总有人会给你最大程度的帮助。

张强在读大三的时候，看到了学校官网上的大学生征兵信息公告，便毫不犹豫地申请了。从小体力旺盛的张强就一直是一个静不下来的男孩子，母亲经常生气地抱怨他是一个多动症患者，而且调皮捣蛋的张强一直是母亲头疼的对象。在张强10岁那年，家乡经历了一场灾难，连续的暴雨让整个村庄都成了一片汪洋，就在这孤立无援的时刻，祖国的军队前来营救。在这次的灾难中，虽然没有人员的伤亡，但是在张强的心中留下了一个军人梦想。所以面对征兵信息，他没有任何的犹豫，这对他来说是一次圆梦的机会。

军队的生活虽然很艰苦，但是练就了张强更加坚毅的性格，他感恩这段时光，让他成为自己想要成为的模样。退伍之后的张强依旧回学校完成了自己的学业，毕业之后开了一家户外活动基地，对于所有的员工都实行军事化管理，渐渐地团队越来越壮大。

当然，公司也出现过比较大的危机，但是面对危机时的沉着冷静的状态才是让张强现在团队壮大的原因。在张强创业的初期，公司的财务出现了状况，甚至连员工的工资都发不出来，眼看着整个团队的心血就要付诸东流，所有人都惴惴不安，大家都需要养家糊口都不容易，他就把自己的房子和车子都卖了，拿来给大家发工资。在经过父母同意的情况下拿父母的房子去贷款，这才度过了公司漫长的危险时期。

当然，张强做什么事情都是要有足够的把握才会采取行动，这才敢拿父母的房子做抵押。他经常说的一句话就是："遇到事不怕事，只要自己用尽全力，做好万全的准备放手一搏就行了。"张强的员工这样评价他："在这样的领导下面工作，你就会有一种巨大的安全感，因为你不会害怕有什么巨大的风浪，他会主动挡在前面，不会让员工的利益受到损害。他强有力的领导力也会让你觉得是跟对了人。"

没有人知道自己的未来会发生什么，也不知道自己会面临什么样的困境。在漫长的职场生涯中，也许你是别人的领导者，那就拿出你征服世界的勇气，带领你的团队勇敢地攀登高峰。也许你没有别人过强的领导力，那就选择一个让你信服的有担当的领导，在这样能够找到归属感的团队之中，也许你会发现自己更多的闪光点。

不要让别人来否定你的能力

在意别人的想法是每个人的社交通病，每个人都拥有着自己的缺点，也总是不可避免地会暴露在别人的面前，但是过分掩饰自己就会对自己的生活产生很大的影响，甚至会改变自己的性格，最终改变自己的一生。在学习和工作上也总会有人会打击你的积极性，这个时候更有人觉得世界到了最灰暗的时候，总是会郁郁寡欢，最终影响的是自己的状态。

有些人，不敢在公众面前表达自己，总是觉得说话不能太大声，表达观点不能太犀利，做什么事情都畏首畏尾，总怕别人在公众场合下说出自己的缺点，甚至连一些小小的摩擦都会让心理产生很大的波动。当人在跟自己实力悬殊较大的人相处时，较弱的一方总是会表现得些许怯懦，但是，即便再怎么被人打击，自己的人生终究掌握在自己的手中，只要自己还有信心，即便是处在最黑暗的时刻，也要相信自己总会在下一次做得更好。

何东大学毕业以后就一直在一家电子科技公司认任职，5年过去了他依旧是一开始的技术专员，每当公司有重大任职变动的时候，何东都抱着最积极的态度来准备自己的工作总结。勤勤恳恳的何东虽然没有在公司犯过什么较大的错误，但是也没有做出过什么重要的贡献，所以他的履历并不是优秀的。相对于自己同期入职的小伙伴们来说，何东已经处于劣势，别人都在不同的岗位上走到了更高的位置，但是何东一直没有等到任何升职的机会。

今年年初，何东他们部门的经理升职了，相对来说部门经理的位置就是空缺的，他在心里暗暗决定：一定要好好把握这次机会，展现出自己最好的一面，争取到这个更高的岗位。但是在做工作总结汇报的时候，何东还是被人力行政中心的总监旁敲侧击地讽刺了一番。最后，总监说：“你的实力还达不到一个经理所需要的能力，你只是一个会重复任务的人，并不适合做更多管理方面的工作，好好做好现在的工作就是你现在的当之要务。”

竞聘结果出来了，何东不出意外地落榜了，心里特别沉重，难道自己真的要在这个专员的位置上做一辈子吗？总监说我不行我就真的不行吗？虽然真的觉得自己挺差劲的，但是何东的内心还是有很大的不服气。于是何东在心里告诉自己，一定要做到更好，要让那些看不上自己的人刮目相看。

那天晚上，何东给自己做出了一个完整的人生规划，一点一点细分到每日的工作计划，他既要提高自己的专业技能，同时还要学些管理知识，以此来匹配自己想要升职的目标。每天的工作已经很辛苦了，但是每天晚上何东还会花费4个小时的时间来学习自己需要学习的内容。

两年之后，何东跳槽了。在新的公司和新的岗位，何东完成了自己那天晚上给自己定下的目标，同时也拥有了自己的技术团队。离职面谈的时候，之前的领导给出了更高的职位和更诱人的薪资，但是何东拒绝了，他想寻求更大的挑战和更好的发展，原来的公司已经无法满足他了，而他也在更多的质疑和激励之中走向更光明的远方。

这个世界没人可以阻拦你的脚步，没有人可以限制你的高度，也没有人能跟你做到真正的感同身受，相信你自己心中的梦想，坚定自己以往的节奏。不论他人怎么打击你，怎样给你泼冷水，那又怎样。你自己就是你自己，一往无前地往前走，你一定可以沿着原本的方向攀上最高峰。

自信心才能让你走向更远的未来

拿破仑曾经说过一句话："凡事必须要有统一和决断，因此，胜利不站在智慧的一方，而站在自信的一方。"这句话就是在揭示着一个道理：在每一条成功之路上，自信都是一个很重要的因素，只要你能够面对每件事情都毫不胆怯，拿出自己所有的魄力来解决所有困境，就没有解不出来的难题，没有攀登不了的高峰，相信自己的实力，你就一定会是下一个可以做得更好的人。

心理学上讲：自信只是人在适应这个社会生活的过程中产生的心理变化，当一个人独自面对这个世界上的种种事情时，都会用此前自己所积累的经验和方法来解决现在的困难，当然，面对一件自己从来没有经历过的陌生事情的时候，不同的人总会有不同程度的焦虑和不安。信心可以带给你的就是让自己更加有力量来面对这世界的一切未知。

并不是这个世界上的所有人都是可以站在聚光灯下发光的，但是不同的热依旧可以在自己的世界里发挥自己的价值，让自己更加闪亮。秦丹丹从小就只是一个安静温柔的姑娘，但是她的心目中仍然渴望成为一个阳光自信的人。小时候，她羡慕那些可以拿着演讲稿流畅并且富有感情地在全校同学面前讲故事的人，同时也觉得自己并没有足够的实力站在那么多人仰望的舞台上。

大学毕业之后，秦丹丹听从了父母的建议和安排，回到老家，进入了一家当地的企业，生活虽然程序化地没有变化，没有激情，但是秦丹丹安静的性格也便很快适应了这种工作氛围。闲暇的时光她就可以发展一些自己的兴趣爱好，她很喜欢画画，小的时候就在绘画兴趣班学习过素描和手绘。现在把这个兴趣爱好捡起来也是轻而易举，并且她开始享受这样安静的时光。但是也仅限于自己一个人画画。没事的时候，她就在家里跟着网络课程学习绘画技巧，接触更多的绘画方式，大片的时间就一个人在家里画自己心中想要表达的东西。出去玩的时候拿起相机记录下那些能够激起自己灵感的画面。

日子就这样一天一天地安静下来。在来到公司第二年的年会，在这样欢乐的氛围里最容易看出每个人在工作之余是个什么样的性格。其中有一个节目是一个舞蹈，但是真正打动秦丹丹的是表演这支性感爵士舞的姑娘也是一个性格沉稳安静的人，爱好舞蹈的她全身上下都发着光，在自己最擅长的领域里找到自己，并且投入自己。秦丹丹想到自己每天的生活，没有灵魂没有光亮，做什么事情都不能自信满满地放手去做，就算喜欢画画也只是自己一个人偷偷地画，她害怕别人对她产生不好的评价。但是，这样没有波澜的生活也确实没有什么味道，她决定自信一点，放开手去展示自己。

她把自己这些年的画拿出来认真筛选，找出不同的风格投稿给不同风格的杂志社，令人惊喜的是：部分画作竟然被选中刊登了。当杂志社寄来样刊和稿费的时候，秦丹丹激动得掉了眼泪，因为她自己勇敢迈出的第一步得到了肯定，她想画画并且希望在画画这条路上一直走下去。

秦丹丹开始更加坚持每天的画画任务，不断地给自己充电，让自己能够有更大的自信在画画这条路上发展下去。渐渐地，开始有杂志社想跟她签约进行长期稳定的合作，而秦丹丹也辞去了现在温水似的工作，成为一名全职画家。

每个人都是自己的英雄，当你能够自信地用自己的实力来表达自己的观点，你就应该能走上自己将要成功的道路。自信并不是成功的标配，也不是成功的衍生品，只有你自己拥有了足够强大的实力，才能更加从容地解决将要面对的困难，这就是一个人自信的表现，愿每一个人都能自信地做自己。

要正视自己内心的想法

现实生活中总有些人没有达到自己的预期，他们总是没有任何改变地一直处在自己现在的不上不下的状态。除去工作能力上的原因，他们工作的态度也让人看不到有什么激情，每次开会总是很早到场，挑选一个比较靠后的位子，在整个开会的过程中也没有任何反应，没有任何互动。平时不愿意跟别人有过多的交流，日子过得平淡如水，又有点淡然无味。

也许你是想要改变自己的，但是改变是需要行动的，没有任何行动的口号都只是停留在自己想象中的不作为而已。你想象中的自己总是会比现实中的自己朝前走了一步，但是当你真正地审视自己到底处于哪一步，你就会发现，你其实还是有点糟糕，有点不太满意于自己。所以，遇到你自己想做的事情时，千万不要让懒惰占据你的所有心灵，千万不要把自己的目标只停留在口号和抱怨之中，放手去做，正视自己想做的每一件事，能不能做到只有努力了才知道。

这是蒋焘进入公司的第三年了，他还是浑浑噩噩地完成自己的日常工作，领导交代下来的事情也能够完成，但是他的生活中总是缺了点东西，或许就是那种让他激情似火的往前冲的那股子精气神。

在蒋焘大四那年，他花费了大量的时间和精力在研究生考试上。整颗心都扑在了这个上面，但是却在最后考试的时候栽了一个大跟头。在考试的前一天晚上，蒋焘晚饭的时候好像吃错了东西，肠胃本身就不好的他难受得一晚上都没睡着，第二天早上由于状态不佳在去考场的路上晕倒了。因此蒋焘缺席了第一场考试，但是蒋焘并不准备放弃，在医院醒来的他坚持要去考场，但是已经来不及了，因为已经到了最后的入场时间，为了考试的公平性他已经无法参加此次考试了。考试成绩出来之后，蒋焘其余各科都考得很不错，就第一场考试的成绩是0分，最终他也跟自己理想的学校失之交臂。

这几年，这已经成了蒋焘的心病，每次心情不好就会拿这个跟朋友倾诉，朋友对此都有点头疼。直到有一次朋友大声跟他说："有遗憾就再去尝试啊，如果你不再试一遍就永远只能自己在这抱怨，再试一次即使失败了，心里也没有什么可牵挂的了。"蒋焘也是害怕自己会重蹈覆辙，但是这次他是真的想通了，他拿出了自己之前一直没舍得扔的复习资料，开始新一轮的复习。在夏天的时候，他辞去了自己的工作，想尽力努力一次。

就这样，考试的日子如期而至，蒋焘带着自己所需要的考试用具在考试的前一天晚上入住了之前的酒店，在此之前他已经打包了自己所有的复习资料，如果这次还不成功，那么他就全身心地投入到新的工作当中。

幸运的是，蒋焘通过了这次的考试，看到考试成绩的那一刻，蒋焘已经抑制不住地难受，原来付出之后的结果不一定会让自己失望，只要自己想做，并踏踏实实地做下去，这个过程本身就会有巨大的收获。

每个人心里都有属于自己的愿望和想法，一直压抑着自己内心的人永远不能真正的快乐，当你决定不再逃避，正视自己内心的想法的时候，你就已经走在了自己梦想的起点，不要害怕这个过程有多么凶险，所有拆分下来的小困难都会不堪一击。你只需要努力一点，再努力一点，这个世界不会让你失望的！

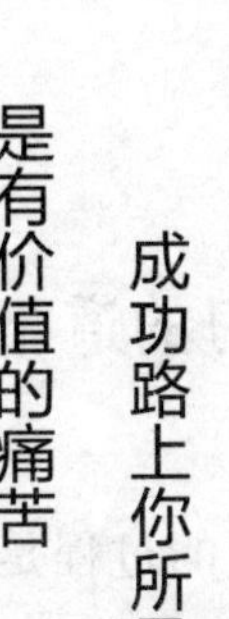

第5章 成功路上你所承受的孤独——是有价值的痛苦

当一个人经历了足够多的艰难和痛苦，开始能够坦然地面对将要发生的一切事情，那么他就已经是一个成功的人了。所有人的人生都是痛苦的，并且还要承担这一路上的孤独。人人都说要学会享受孤独，不要让自己成为一个寂寞的人，但是只要你坦然地面对生活中的所有不开心的事情，不管是孤独还是痛苦，你就能够成为自己人生的主人。这个世界上所有人都是孤独的，这些经历能够带给你的价值就是：你不再惧怕苦难，你也开始能够自己一个人吃饭，一个人学习，一个人做着自己想做的所有事情，那样的生活就是完美的！

学习的道路可以弯道加速，但是不能投机取巧

学习的过程是没有捷径的，你只有一步一步踏踏实实地往前走，每个知识点都扎扎实实地学到心里才是真正属于你的知识，在这条竞争人数众多的的赛道上，你不能有任何的投机取巧，虚假夸大自己的实力只能像揠苗助长的农夫一样，最后是一场空。但是你可以加速自己的学习之路，找到更加快速的成长之路，这对于每个人来说都是极其重要的。

你首先要确定一个适合自己的学习方向，适合自己的人生方向才能给自己的人生增加更多的色彩，也可以给自己增加更多的可能性。每个人都有适合自己的事业，找到自己的天空才能更加自由地飞翔，既然是自己选择的事情，即使再艰苦也不能就这样说放弃就放弃，就算再累也要咬着牙关撑下去。

弯道加速是短跑运动中的一个名词，在最初的弯道起跑阶段能够抓住弯道带来的契机，用自己最快的速度冲到内道的最前面，那样就能够在起点抢占先机，后面只要保持好自己领先的优势就一定能够取得这场比赛的胜利。这就像学习的心路历程，抓紧自己的时机，别人在努力的时候你也在马不停蹄地努力，当别人的学习进程开始变得缓慢下来的时候，你要趁机加

速，这样才能让自己处于领先的优势，一小步一小步的领先你就可以接连不断地赶超好多人。

同样，好的学习方法也是极其重要的，虽然各种学习方法其实都是通用的，但是不同的学习习惯对学习效率还是有影响的，适应自己的学习节奏，找到适合自己的学习方法，提高自己的学习效率也是跟别人拉开差距的重要环节。

陈末成绩本来就不是很好，等到了读高中的时候，学习成绩依旧没有什么起色。但是陈末每天都没有闲着，该背书的时候背书，该做题的时候做题，上课的时候认真听讲，下课的时候认真复习。每天都在忙忙碌碌中度过，但是一到考试的时候还是没有什么进步。陈末的文科成绩还算不错，就是理科成绩不好，严重的偏科让他自己也很着急，尤其是数学这个最为重要的一科。没有很好的逻辑思维成为他学习道路上最大的硬伤。

但是陈末不想就这么放弃，他开始请教数学老师和那些数学学习成绩好的同学，想知道到底该用什么学习方法。最终陈末总结出一套适合自己的学习方法。他的记忆能力比较好，开始做好每堂课的预习和复习工作。他把自己做错的每一道题目都整理到一个错题本上，还有典型的题目也都整理出来进行集中记忆。既然暂时不能理解那就让自己记住。该有的逻辑方法和思维也都背诵下来，没有多余的时间就在晚上写完作业的时候，自己跟别人的差距必须得赶上来。渐渐地陈末发现自己有很多题目都会做了，很多的解题方法也开始渐渐地懂了。数学成绩得到了很大的进步，而他也开始有了自己学习理科的方法，其他科目的学习成绩也有了进步。

每个人的一生大概要需要多久的学习时间，没有人能够准确地衡量和计算出来，从刚出生下来的咿呀学语，到少年时期的刻苦学习，再到后来工作上的兢兢业业，都是在接触新事物的过程，如果硬要给学习时间打上一个时间限度，那应该是每个人整个一生吧。学习是这个世界上最让人充实的事情，只要你不断接收新的知识，就会让自己拥有更加强大的实力。

未来都掌握在自己的手中，在这个变化频繁的世界里，拥有较为强大的学习能力将会给你带来更多的机遇，在任何的行业内都能成为一位合格并且优秀的从业人员。

碎片学习是你跟别人拉开距离的最好方式

现在的年轻人，每天都异常忙碌，除了生活上乱糟糟的娱乐项目，工作上也有各种大大小小的事情都会铺天盖地地朝你涌来。其实有时候自己并不是不想回那个微信消息，只是当你点开这个消息的时候，恰好又有另一件更加重要的事情出现了，那么，你只能先把这个并不是很着急的微信回复放在一边，心里其实已经默默地想出了答案。当事人想起的时候，你以为你已经回复了，其实你只是用意念回复了而已。

你是不是每天都异常忙碌，但是仔细回想起来你却想不到自己到底在忙些什么。其实你只是没有做好自己的时间规划而已。而好的时间规划的第一步不是做好时间的管理，而是找时间来更加有效率地完成每件事，利用自己每天大量的碎片时间，放弃手机里的那些无意义的社交软件，用这些时间来充实自己，那么你就会比别人多出更多的学习时间，从而能够更好地跟别人拉开距离。

利用大块的时间完成工作是一件很有效率的事情，但是有时候却又迫不得已只能利用自己的碎片时间才能做好所有的工作。程英已经是一位幸福的宝妈了，不愿意放弃自己事业的她同时也不愿意错过宝宝的每一个成长阶段，所以她没有辞掉自己的工作，依旧进行着之前一直在做的各种事务，并且一直在经营着自己的原创公众号。

上班的时候，程英就把宝宝交给父母来带，下班了之后就花自己所有的时间来陪伴宝宝，这样的话，程英就少了很多整片的业余时间来进行自己的工作，一开始，她每次都等宝宝睡着了之后才开始自己的工作，从选题到构思到最后的写作排版花费了太多的时间，宝宝中途醒来的话，她要马上去看情况，这样的话之前的构思就又会被打断，这样一篇文章下来需要花费太多的时间，长久下来程英的身体真的吃不消了。

后来，程英开始购置更多的随身电子设备，她觉得自己要抓住更多的业余时间，才能让自己更省力。她买了静音并且能够随时使用的平板电脑，这样可以让她更好地利用宝宝睡着的时间，她还在自己的手机里下载很多的笔记类软件，在跟宝宝一起出游的旅途中，当看到一些可以激发灵感的东西也可以让自己随时都记录下来，这样也可以给自己增加更多的素材，让自己在构思的时候能够比之前节省出一点时间出来。

这样下来，程英觉得自己的时间得到了更好的运用，她能找出更多的时间来做自己的工作，自己的本职工作没有耽误，同时她也没有错过跟宝宝相处的每分每秒。

每个人都有属于自己的生活方式和工作节奏，但是充分利用自己碎片化的时间真的可以增加自己时间的长度，不盲目地安排时间而是有技巧地把每一部分的时间都安排妥当，这样才能比别人争取到更多的有效学习时间。程英即使在照顾宝宝的情况下都能够合理地运用每一个细小的时间段，合理安排自己的构思时间，极大地提高了自己的工作效率。

在时间管理上，大家都喜欢搜罗各种管理方法，可是那些方法对你真的是有效的吗？你有体验过这个方法与你的工作和学习方式真的匹配吗？不是所有的方法都有可复制性，找到最适合自己的才是最重要的。

不同的行业不必强行融合

俗语有云：隔行如隔山。进入一个新的行业都会面临更多的考验和挑战，没有人能够从一个行业之中迅速跳跃到另一个全新的行业中，在此之前一定要花费大量的时间和精力进行系统的学习，才能够有更强的实力来面对新行业带来的挑战。即使你有所准备，你也一定会在很多时候碰壁，没有人能够给你带来帮助，只有自己用心去接受新知识，才能给自己更大的力量。

万事开头难，只要你勇敢地踏出了第一步，就已经是成功的起点，接下来的路程，只要你按部就班地按照之前的计划，确保每个时间段的学习任务都能够保质保量地完成，并且有自己深入的思考和总结，那么相信你总是能够跨过这道入门槛，走向更加广阔的新领域。

首先，你要有足够强烈的想要学好的愿望，没有积极的学习状态是不足以支撑你度过这段艰难的学习时光的，但是只要你拿出自己全部的精气神来接受这个全新的考验，每天都用求知若渴的心态来汲取新的知识，把学习的全部劲头都投入进去，就足以帮助自己一直走下去。

其次，不光是心态上的想要学习，更重要的是你要会学习。进入全新行业肯定会有适应期，在这个时期，你肯定会听到很多你听不懂的词语，看到很多看不懂的理论，这些都是你要学习的东西。每一个行业，在你最初接触时，不管你多么喜欢都会遭遇特别枯燥的学习入门期，但是好在还是感兴趣的，就从自己最感兴趣的点出发，进行深入的阅读和学习，在这个过程中，你会遇到全新的不懂的东西，做好详细的标注和记录，围绕你不懂的地方进行查询和拓展阅读，在这个过程中，你还会发现不懂的点，那就接着去拓展这个知识点的外延，当你发现你所了解的知识点都能够串联起来的时候，你就开始形成系统的知识体系，渐渐地你便发现自己能够听懂很多。这个过程会很枯燥，但是好在有最初的兴趣作为支撑，不会让自己太过辛苦。

最后，你一定要让自己全身心投入到这个行业当中，没有一个成功的人不是因为热爱，当你真的想要在你所中意的行业发展，你就会拼尽全力投入进去。当然学到已经够用的知识并不是学习生涯的终点，你还要有一个更加明朗的大局观。有的人说："我又不是领导，我为什么要拿着全局观去审视这个行业。"其实，只有当你真正站在了行业的制高点，可以领略到这个行业未来的变化和发展，才能更好地设计出符合大众心理要求的产品来，才能把自己的工作做得更加完美。

生活中，处处都是学习的机会，当你发现你最想要成功的那个领域，就一定不要犹豫，放手去做，不要害怕自己做不好。做一件事情最好的时机就是10年前和现在，人生只有一次，摩西奶奶在77岁高龄才开始拿起画笔，也一样创造出了那么高的成就。为自己打拼一次，也许梦想就实现了呢！

写作或许可以改变你的人生

有人说：写作是心灵的窗口，当你把自己的情感变成文字，就像一种宣泄一样让人心情舒畅，也像记录自己的人生一样让你的记忆留下可捕捉的具体事物。也有很多的文字工作者纯粹只是想让文字成为自己谋生的工具，这也不冲突，拥有更强的文字掌控能力，丰富的想象力就能够让你写出更多的好故事来供人阅读，发人深思，也未尝不是一件好事。

每天的文字写作会让你的生活更加具象，会让你的情感更加细腻，会给你的人生带来更多的情感嗅觉，开始体会平凡生活中那些让人感动的小变化。当你拿起笔的时候，你会开始思考，开始回忆自己的一天都在忙些什么，都在做些什么，你会开始思考这些事情到底有没有意义，这种事情下次还需不需要做下去。这是一个反思的过程，也是让自己变得更好的途径之一。

现在这个高消费的社会，每个人都在为自己的生活疲于奔命，做最大努力。但是想要的东西太多，自己的本职工作也许远远就不够自己生活，就会有人开始想要寻求别的方式来提升自己的经济水平。小路是一个二十几岁的姑娘，正当青春的大好年华，做了两年人事的她在收入上虽然有小幅度的提升，但是依旧不能支撑自己所有的兴趣爱好的花费。小路喜欢一切刺激的户外活动，平时就喜欢玩玩滑板，有假期的时候会四处旅游，她会去尝试跳伞，蹦极，也喜欢潜入海底去探索另一个更加神秘的世界。但是每样活动都需要更高的花费，而她现在的收入如果长期这样冒险会更加入不敷出。于是，从小就一直坚持记日记的小路开始寻求更多的兼职。

她开始在网络上寻求更多的文字兼职，也开始根据杂志社的要求进行投稿，没想到第一次投稿就通过了。小路发现这是一项可以长期进行并且收入稳定的兼职，所以，即便在她很忙的时候，她都会抽出时间来进行文字记录。她还把自己这些年一直坚持的兴趣爱好写成文字，每到一个新的地方都会按照自己的风格写出一片精彩的游记，自己喜欢的那些小众的冒险活动也会写出注意事项，让更多的人能够了解并且勇敢地尝试。

每天这样记录着也让小路有了很大的变化，以前说走就走的她开始反思自己这种消费观念是否正确，也会思考自己要不要走向一个更大的平台做自己真正想要从事的事情。在遇到自己不熟悉的写作素材时，她会花费更多的时间和精力去搜集资料，这在无形之中拓宽了小路的视野。

渐渐地，开始有人找小路谈合作，小路也开始想要改变自己现在的固定的工作模式，选择到一家旅游类杂志社专职供稿，她开始有了更多的时间去探索这个世界，也开始用自己最熟悉的方式记录这个世界，并且向别人介绍这个更加精彩的世界。

文字是语言的载体，当你沉下心来记录文字的时候，你会更多地倾听到自己的心灵，都说经常看书的人会更加坚毅，因为他们长时间盯着书本，那种眼神中的求知欲会让他们面对任何事情都更显得沉着。而懂得写作的人因为更加明白自己的水平底线在哪里，也会让自己进一步去学习，学着变成一个与众不同的自己。

当你有了足够的实力才有所谓的人脉

成年人的世界里处处都是刀光剑影，不光要处处忙着生存，还要学会在生存的道路上提高警惕，不仅要防冷箭还要能够抓住更多的机会，让自己的生存方式变得更好一点。有很多人经常说：多一个朋友多一条路。总觉得认识更多的人就会让自己的人生多出一些精彩，在遇到一些事情的时候，能够多出一条退路。但是现实中往往不是这种情况，每个你认识的人都不一定可以成为能够帮助你的人，好好经营的朋友才能成为你人生的伙伴。

人脉一直都是这个社会上热度很高的关键词，好的人脉确实能够对你的事业有更大的帮助，但是平时的你疯狂加其他人的微信，在社交网站上关注更多人的账号，聚会上广泛地散发你的个人名片真的有用吗？你知道了他的名字，跟他讲过几句话就真的是你的人脉了吗？充其量只能叫做你认识他而已，那么他真正认识你了吗？他知道你的优势和专业方向在哪里吗？

所谓人脉，都是基于双方的资源置换而存在的一个概念。真正的人脉，是现在或者未来你们双方可以产生某些层面的资源置换，这种资源置换是互相的，你不能只想从别人那里得到你想要的，当然你也得有别人想要交换的实力在。在此之前，你单方向的认识并不是人脉的起点，你们并没有互相认识对方，你们更没有了解并且认可对方，所以，在出现资源置换的需求的时候，对方并不一定会想到你。

有很多人为了成功会搜集自己所认为的人脉，但是你所认为的人脉在对方眼里也许是一件很可笑的事情。小刘为了得到一家大型企业的一个职位，便事先在某个社交平台上关注了这家企业总经理的账号，并进行私信联系，企图得到总经理的垂青。但是身为公司的总经理哪里会有时间处理这些事情，于是对小刘的疯狂私信置之不理。后来，小刘带着简历来公司面试，对公司的面试官说："我认识你们公司的总经理，很希望能够加入公司进行进一步的学习，希望你们慎重考虑。"后来人事拿去跟总经理确认，总经理说："就是一个在社交平台上疯狂给我发私信的人，这种想要投机取巧的人我们公司坚决不能要。”最后，小刘当然没有得到这份工作。

但是好的人脉是需要经营的，能够雪中送炭的好友不光是生活中可以依靠的人，同时也是你人生中最好的人脉，他们会在你人生失意的时候时时刻刻陪在你身边，他们也会在你最穷困潦倒的时候给予你最大的帮助，甚至拿出自己全部的积蓄，他们事事都站在你这边，也会在你做得不对的时候及时地敲醒你，没有人会比他们更了解你，他们是你需要用一生去珍惜的人。

当然，在一个全新的环境你也可以找到高质量的人脉，比如小小在读研究生时每遇到一个难题，就发消息给师兄，并希望能够得到他的帮助，这样下去，师兄在遇到高质量的学术讨论肯定进行回复，这样一来二去小小跟师兄不仅成为学术上的好搭档，生活中也成为了很好的朋友。

想要拥有好的人脉你必须先把自己打造成一个足够优秀的人，并且用心去交朋友才能带来高质量的互动结果，所有的事物都需要好好地经营，包括人与人之间的情谊。

战胜拖延症就是战胜自己倦怠的内心

人都喜欢待在自己的舒适区里，不用思考任何自己不想做的事情，只是简单地上上网、刷刷剧、打打游戏，就能够让自己特别满足。但是一旦长时间待在舒适区就很难再走出来，而你的人生就会毁在舒适区的享乐之中，这个时候的你也会深深地感觉自己的人生的确是没什么希望了。这就是人最容易迷茫的原因之一，你没有事情做才会感到人生处处都不如意。

拖延症作为新世纪年轻人最大的通病实在是折磨了很多人。早上明明做好了自己一天的工作计划，在磨磨蹭蹭之中发现下班的时间已经快要到来，但是自己的工作还没有完成一半，看着手机又开始抱怨今天是个加班的日子。周末本来准备写一篇文章、看一个电影、做一顿饭、做一次运动，到晚上才发现也不过是把看电影这一项给完成了。于是自己又开始焦虑，又进行自我怀疑，并没有进行有效反思的你依旧会陷入下一轮的恶性循环当中。

方甜甜从上周一就开始被告知下周二进行半年度的工作述职汇报，但是对于这件事情方甜甜从内心产生了抗拒，每次要述职的时候都会想：公司为什么要进行这种无聊的工作总结，对我的工作完全没有任何帮助。但是公司的这项传统从来都是雷打不动的按季度降临。

周一的时候，方甜甜心想，还有一个星期呢，先在心中构思一下整个PPT该做什么流程，该有什么思路，等想到该怎么做的时候再说吧。很快，周四来临了，方甜甜还是没有想到该用什么思路，心想周末休息的时候时间比较多，周末的时候再做吧。周六方甜甜被好朋友带出去逛街看电影，周日又磨磨蹭蹭，转眼间到了晚上，方甜甜的述职报告还只是处在刚开始的阶段。

她依旧没有什么思路，也已经放弃自我，准备明天就随便做做，反正都是要挨骂的。挺过去就好了。当然，由于方甜甜没有用心还是遭到了领导的一顿批评，并且把这份述职报告打回去要求重做。

方甜甜这就是典型的重度拖延症患者，倘若她能够把这份按季度降临的述职报告放在心上，在平时的工作中就开始给自己积累素材；倘若她从周一刚收到消息的时候就开始花个集中的时间思考整个思路，剩余的时间只要加以补充那么她也不会得到这个重做的结果。

当你拿到一件自己觉得很难的任务的时候，一定会在心里产生恐惧并且很自然地会想拖延，并不是压力不够，而是压力太大了让你不想面对。但是你试着把整个任务分解成较为容易的很多小部分，内心就没有这么焦虑了。当然你可以从自己最拿手的部分先做，做最简单的部分会让你更有成就感一点，顺着这个成就感你就能一步一步地把整个事情很完美地完成。

生活中的自由都是自律带给你的心灵感受，当你一遍一遍刷剧的时候，刷完躺在床上总有一种空虚感，这种短时愉悦带给你的不是真正的愉悦，反而会带给你心灵的负担。让自己更加自律，战胜这个令人恐惧的拖延症，你也许会达到更高峰。

第6章 职场之路永不会无路可走——提升自我，再继续前行

所有人在这一生之中都会经历很多个角色的转变，当一个刚毕业的学生初入职场之后都会经历一个适应的阶段，对于适应期有的人需要很长时间才能度过，有的人能很快调整好自己的状态。但是不管是谁，只要遇见了自己的瓶颈期，都不要太着急否定自己。眼前的困难一点都不可怕，在你的职场道路上总是会有路可走。假如你并不是一个特别优秀的人，那就踏踏实实地学习，做好自己手上的工作。学到手的东西就永远都是自己的，当你具备独当一面的实力之后，便能争取自己想要的东西。

重要的不是价值而是让自己变得有价值

没有人可以看轻你，除非你看轻了自己。还是很老套的一个话题：职业不分贵贱。虽然现在的很多人已经没有这么多偏见，但是每次在问到小孩子梦想这个话题的时候，听到的答案总是想成为一个工程师或科学家之类的，但是很少听到有人想成为一名专业的司机或农夫的。但是，生存在这个世界上，不管从事哪个行业都是有价值的，只要自己在内心里认为是有价值的，心中是富足的，那么一切就都是有意义的。

不管从事的什么职业、处在生命的哪个阶段，都需要付出全心全意的努力，结果并不是特别的重要，但是只要自己觉得自己做这件事情是有收获的，这些都是生命历程中应该经历的体验。每天睁开双眼只要内心还是有所盼望，夕阳落下反思自我的时候觉得自己的一天都是精彩地度过的，那么这些不需要有什么结果。总有一天你会发现自己当时的付出都会在某一刻闪闪发光，这才是生命奋斗的意义。

在大家的眼中，沈南一直都是一个特别能折腾的女孩。她看到电视剧里女主角淡紫色的发色特别青春浪漫，但是公司不允许员工有过于鲜艳的发色，她便在周五的时候满足了自己的愿望，又在周日的晚上染回自己本来的发色。沈南也会给自己安排一个说走就走的旅行，只要自己心血来潮想去哪个城市看看，一请到假期就会马上给自己做好一个完美的行程。

沈南从小的时候就喜欢看漫画，尤其是接触到宫崎骏的漫画时她被那样让人内心宁静的漫画风格深深地折服。在工作的这一段时间，沈南慢慢又迷恋上了日本文学，她又开始给自己做了一个更加周密的日语学习计划。

从事建筑设计行业的沈南在一家还算不错的事务所工作，同事都说沈南做好自己的工作不就好了，为什么还要折腾自己学习一个跟建筑行业完全没有关系的东西。但是沈南觉得学到自己身上的知识都是自己的，将来总有一天会用得到。于是她报了一个日语学习班，像读书的时候一样，每天早起背单词，下班了之后再上课，周末的时候还会参加一些线下日语交流会训练自己的口语。

抱着试一试的心态，沈南报考了日语等级考试，功夫不负有心人，沈南通过了考试，并且在两年之后就通过了日语在国内考试的最高等级。而现在的沈南可以用日语进行正常的交流，平时再看动漫可以完全不用字幕。

更巧的是，公司恰好有一个跟日企合作的企业，需要找一个会日语的设计师去日本进行谈判并接手整个设计工作。而沈南凭借着自己优秀的专业实力和自学的日语拿到了这次设计工作，她很开心自己能够接受这次任务，跟日本文化的碰撞将是这次合作她最期待的地方。

有价值的人才能够得到别人的垂青，才能够在最重要的时刻抓住机遇，突破困住自己的那个牢笼，找到属于自己的天空。也许沈南并没有想到自己能够得到这么好的机会，但是机会总是留给有准备的人，有准备的人才会有更大的价值，才能在机会来临的时候更准确地抓住。

人生不能永远只看到现在自己在做些什么，而是要思考在未来的这么多年的时间中自己还能再做些什么，重要的不是现在自己有多大价值，而是你还可以让自己有多大价值，努力让自己变得更优秀、更有价值才是生命最大的意义。也许在不经意之间就抓住了一个更好的机会，让自己的世界更加多姿多彩。

低薪时期才是你提升自己的最佳时期

每个人在世界上都是需要生存的，维持生命的资本需要自己靠双手来打拼。当然，每个人的起点不一样，原生家庭的生存状态不一样也会导致每一个人的生存方式不一样。有些人就是含着金汤匙长大，从小到大衣食无忧，人生的每一步，所有的规划也许都会有人帮忙操持；但是有的人在小的时候就已经开始挑起了生活的重担，背负了这个年纪不该承受的生存重担。但是谁的生活不是靠自己，只要自己有实力、有能力、有干劲，那就能够获得自己想要的更好的生活。

但是，人生的第一份工作都是需要挑选的，不管是你进入一个大企业，还是找到了一个环境很不错的小公司，前一段时间都需要经历一段新人的过渡期，这个时期你可能会遭遇到新项目的挑战，也可能会受到有些员工的不公平待遇，甚至你只能拿到微薄的薪资，但是这些都不重要，重要的是，在这样一份工作经历中，你能否学习到自己想要学习的知识，你是否能够把自己之前学习的知识运用到你的工作中去，而薪资只是一个附属品，年轻的你需要更多的历练来充实你的内心，所有的发光发热都留给时间，它不会辜负你的努力。

有时候，尽管你还没有准备好去闯荡这个世界，生活就已经把你推进了这个世界的旋涡。大学毕业那年的刘畅尽管还没有做好从学生转变为社会人的准备，但是还是跟其他同学保持同样的节奏，忙毕业设计，找工作，跟同学们做最后的告别。当一切事情都已经忙得差不多了，刘畅开始考虑自己的工作。

在所有面试的公司中，刘畅收到了两家公司的录取通知的邮件。一家公司的工作环境很好，工作内容也很单一，薪酬也是相对来说还不错的，但是另一家公司是一家知名企业，工作压力也大，经常出差，起初的薪资也只是一个实习生的工资。在权衡之下，流畅觉得自己还年轻，在这个需要吃苦的年纪不能就这样开始安逸地享受生活，他决定进入那家相对较大的企业接受更多的工作挑战，学习到更多的知识才能在更广阔的天空有更多的选择。

进入这家公司之后，刘畅先从实习生做起，试用期有6个月，工资勉强只够生活。刚开始实习生并没有什么实质性的工作，每天都在帮大家收快递买咖啡，但是刘畅不甘心只做这点跟工作没有任何关系的工作。每次开会他都会认真地做笔记，跟不上的地方就用录音录下来，回去听，两三个小时的会议内容，边听边收集资料，有时候整理完都到凌晨了。平时他就紧跟着公司的前辈，看他们都在忙什么，专心地观察并且做笔记。就这样刘畅开始能在会议上发表自己的观点，也可以独立完成一个项目。

6个月之后，经过综合考评，刘畅通过了实习期，成功转正，而他也是这一期新人里唯一一位转正的。转正过后的薪资自然要比之前优厚了很多。

即使在最艰难的时期，刘畅并没有忘记自己当初的坚持是什么，他开始从自身出发，不断充实自己的实力，让自己能够与自己想要的薪资水平相匹配，这才是底薪条件下人最应该有的工作状态，也是让自己越来越强的过程。

人生的每一件你想要的东西都是自己争取的，天上不会掉馅饼，在更艰难的情况下更应该让自己成为更有竞争力的那一个人，当你足够有竞争力了，你就有了更大的选择权利。

休息一下才能看清自己真正想要什么

人生每天都要面临着选择，不管在人生的哪个阶段，也不管是什么样的选择，大到人生的每一次重要考试，决定人生方向的职业选择，小到明天早上起来要挑什么样的衣服，都需要进行仔细的斟酌。但是总有让你左右为难的时候，也总会有走进死胡同的那一刻，让你不知道该往哪里走，该把自己的努力用在何方。

当你觉得你已经做不了决定了，当你真的已经走投无路了，不妨停下来歇一歇，让总是紧绷着的神经放松一下，也许人生就会有新的思路。把自己困在一个混沌的死局之中，总会限制自己的思维广度，没有人非逼着你做成一番伟大的成就，也没有人让你在人生的某一个阶段就达到某一个高度，生活总是为着自己的。看一下四处的风景，体会一下这世界的人情冷暖总也是一件有意义的事情。

也许每个人都有自己觉得艰难的时刻，在那样一个痛苦的时刻，你自己可能也会走进思想的死胡同，你想出来却找不到出来的路。程真真已经工作3年了，在这两年中她其实一点都不喜欢自己的生活。大学的程真真学习了一个父母给她选择的专业——会计学，程真真对这个专业一点兴趣都没有，但是她还是想要过好自己的大学生活，不想给自己这段时光留下任何的遗憾，所以她以优异的成绩毕业了，并且顺利地进入了国内一家很大的会计师事务所。但是任职的这两年，程真真比读书的时候更加焦虑，她不想让自己一辈子的时光都在跟数字打交道，她喜欢摄影，喜欢拍人，拍风景，记录下自己想记住的美好时光。

因为家里条件不是很好，读书的时候程真真也没有跟家里提过这样的要求，工作了之后经济条件允许程真真给自己买了第一台相机，她开始学习更多摄影方面的知识。终于在工作的第三年，她辞职了。她不想让自己的生活一直都浪费在自己不喜欢的那个行业。但是并不知道怎么办的她，开始策划自己的背包旅行。她想给自己一年的时间调整自己的状态，再考虑自己以后究竟要做什么。

这一年之间她又花费了3个月的时间重新整合了自己零碎学习的摄影知识，并且找了专业的老师请教点评自己的摄影作品。她开始去自己想要去的城市走一走，看看祖国的大好山河。她开始把自己拍的照片放在自己的社交账号上。程真真的照片总是有着自己的特点，传递出自己的故事，并配上自己当日的所见所想。渐渐地，就有很多的网友成为了程真真的粉丝。随着作品一天天地更新，程真真的粉丝量越来越大，受到了更多人的喜爱。而程真真在这趟旅行中找到了自己真正要做一辈子的事业，她想成为一名职业摄影师。在程真真结束了自己的这段旅行之后，她受到了杂志社的邀请，成为专职摄影师。还没有找工作的程真真如实相告，而杂志社也特别真诚地邀请程真真，只需要她在外拍照片，不需要朝九晚五地上班，只要正常上传作品就行了。这也符合程真真现阶段的职业规划，她便欣然接受了。

当你不知道自己要选择什么的时候，不妨停一停、歇一歇，找找自己到底想要的是什么，也许你打开了这个缺口就会发现一个属于自己的全新世界。当你走进这个属于你的世界，你会觉得自己的灵魂都被释放了，你会发现你想要做的事情越来越多，你想要学习的事情也越来越多。没有人可以阻挡得了你的脚步，除了你自己的心魔，放过自己，你也就给自己选择了一条全新的道路。

相信坚持的力量，你会看到不一样的自己

这个世界上不缺乏有能力的人，也不缺乏能力平庸的人，但是能力一般的人总是占人群的绝大部分，就像小时候班级里前几名的同学永远是那几个人，后几名的同学也没有太大的变化，唯一变动很大的总是中间的那一部分人。虽然说你想要变得很优秀是一件不容易的事情，但也不是一件特别困难的事情。只要你能够朝着自己的方向努力一把，并且把这种努力坚持下去就一定会成功的。

小时候学英语总是学不好，单词总也记不住，老师每次

都说只要每天抽出一点时间背背单词，每个单词多背几遍总是会记住的。记忆就是这么的神奇，只要你用心并且坚持，总能做到不忘记的那一天。所以，人生不管在哪个阶段，总得让自己学点什么，总需要给自己充电，掌握了别人无可替代的技能才能够成为这个岗位不可替代的人，你才能让自己不处于被动的状态，而这些技能也许只需要你每天花费10分钟的时间而已。

大学时光对于每个人来说都是一段不可错过的美妙时光，而在这4年里，也许是你人生接受新知识最多的一个阶段，也许也是对未来产生影响最大的一个阶段。秦牧刚上大学的时候是一个特别安静的小伙子，不喜欢跟人打闹，也不喜欢到人多的地方，总是喜欢找个安安静静的地方待着。他最喜欢的地方就是学校的图书馆，本来就喜欢看书的秦牧仿佛找到了一个心灵安置点，那里有很多的书供他选择，也有足够安静的场地让他静静地读下去。

一开始秦牧还是半个月借一次，但是后来因为自己的课也并不是很多，秦牧看书的速度越来越快，他开始变成一周借一次书，看的书的类型也开始变得越来越广泛，在各种不同的领域秦牧都能够略懂一部分，成了朋友们眼中的书呆子，也是一个小小百事通，因为貌似你问他什么他都能够答得上来。

足够大的输入之后总会有相应的输出，秦牧开始写东西，他开始认真地对待自己每天的日记，因为他自己心里有很多东西要写出来，他也开始把自己的见解写出来，也会对自己看过的文字写出自己的感受。就这样每天坚持写着，也不知道自己为什么要写，但就是想要写文章。渐渐地，秦牧写的东西越来越多，就这样坚持到大四的到来。他写的东西已经积累了好几个本子了。

同寝室的小伙伴看他每天都写这么多东西就建议他：为什么不试着投稿？他自己虽然也有这种想法，但是一直都没有敢这么做过。室友的话给他带来了激励。他开始挑出自己写得还算很好的文章投稿到校报上，让人惊喜的是文章被选上了，而学校也开始找他合作。秦牧渐渐与学校成为长期供稿的合作伙伴。大四的秦牧想要考研，他想去真正的文学氛围中感受这个多姿多彩的世界。他开始准备自己的考试，但是依旧没有中断自己的写作习惯。而读书量巨大的秦牧凭借着自己的努力走进了自己理想的学府，踏入自己梦想的文学世界。未来的他想成为一个优秀的文学评论家，想必这样能坚持的秦牧一定可以达成自己的梦想。

这个世界从来不缺想要坚持梦想的人，但是真正能把一件事坚持到极致的人并没有多少。秦牧凭借着自己的坚持最终走到自己原本没有想到的世界。

读书是一个好习惯，它能渐渐地改变一个人对这个世界的看法；锻炼身体也是一个好习惯，它能让你的身体更加健康并且更加有活力地去面对生活中的各种困难和挫折，而养成这样的好习惯可能只需要你每天花费那样短暂的时间，坚持下去你就会看到一个超出自己想象的优异的自己。

往上看一眼，再作出自己的选择

投资人是商场上的一个很重要的名词，他在企业中也扮演了一个很重要的角色，一个眼光超群的投资人完全可以成就一家很有开发价值的公司。但是在我们的人生之中，一定要有远见，不能只考虑这件事情现在能给自己带来什么，做这件事情之前都要充分考虑到它的价值，也要思考到未来它能够给自己带来什么样的成长，带来哪种程度上的收获。

除了选择外在的有价值的事物，在人的一生之中，投资自己是最重要的事情之一了。不光是形象气质，学习是最重要的投资。很多人想学习某一方面的知识，但是专业性太强的只自学根本是没有办法满足的，这个时候就需要选择相对更加专业的培训机构来学习，但是既然这个领域的专业性比较强，收费肯定会很高。但是，当你思考到学习的价值，你就可以完全放下心中的顾虑，投资自己，学到自己想要学习的最有价值的一件事情。当你恰好就抓住那个机遇的时候，你会感谢当初那个有远见的自己。

毕业之后的年轻人都开始为自己的未来忙碌起来，他们需要找到一份适合自己的工作，但是什么样的工作适合自己呢？每一家公司都有自己的企业文化，每一位领导都有自己的处世风格，选择一个什么样的团队也是很重要的一件事。并不是每个人都适合做领导，即便适合，也并不是每一个人都有勇气承担去做这样的风险。所以，每个人都要擦亮自己的眼睛，在企业选择你的时候，你也要根据自己的要求而合理地选择他们。

每一个选择都是重要的，除了团队，你还要考察这个企业能够给你带来多大的挑战，一份工作不能给你带来挑战就不够支撑你的成长。成功的平台很重要，有压力的平台也许会给你带来更大的收获。当你感觉到吃力的时候，说明你在走上坡路。这个时候就更应该沉下心来专心致志地做好现在手中的工作，每一件事情都是需要用心去付出的，没有什么事情可以轻而易举地完成。压力其实是一种动力，它可以让你变得更强，只要你不放弃，不停止向上爬的脚步。

除了向上的脚步，你还需要一个更加开放的思维，传统的观念有时候可能会限制一个人的发展，你必须要有先人一步的思维方式才能给自己一个更长远的发展方向。两个同样优秀的年轻人毕业之后一个进入一家网络媒体平台，一个进入了传统的纸媒，几年之后，进入网媒的年轻人走向了更高的岗位，而进入纸媒的年轻人却因为平台最终的淘汰而失业了。你能够就此判断两人在专业实力上有多大的悬殊吗？但是在时代背景之下，两人的选择不同，也拥有了不一样的人生。

不同人的一生都有不一样的精彩，同一个人在自己人生的不同阶段也有着截然不同的心境和选择。选择是一个很重要的事情，选择更有挑战性的那条路总是没有错。走出点和面的思维局限，站在立体思维的顶端，思考自己的每一个决定，总是会有一条正确的道路在迎接你。

努力在离梦想最近的地方，才能更快速地抓住它

都说机会是留给有准备的人的，是啊，假如你身上毫无技能，你都不知道自己以后到底想要做什么，又如何会注意到机会到底是不是给你留的呢。所有的企业在招人的时候都希望他们招来的员工是有工作经验的，有工作经验就相当于你对这个行业有着足够的了解，你就可以很轻松地应对现在这份工作，那么企业就不用消耗太多的带教成本，也能够大概率得到一个相对成熟稳定的员工。

你想要成为一名作家，那么你就需要每天坚持写写日记，记记东西；你想成为一名歌唱家，你就必须坚持不断地提高自己的歌唱技巧，拓宽自己的音域范围；你想成为一名漫画家，你就必须会写故事，也必须修炼自己的绘画技巧。每个行业也都会有自己的特点，每一件事都需要自己的努力和坚持，这样你才能离梦想近一点，再近一点。

在2019年有一个不可忽视的网红，他的名字叫做李佳琦。几乎每一个喜欢淘宝的年轻人都逃不开这个名字。他在短短两个月之内某社交平台账号涨粉1400多万，获赞数目更是达到9000万。这样疯狂的涨粉速度实在是令人惊奇。而具有“口红一哥”称号之李佳琦更是凭借着其超强的带货能力身价翻了数倍。曾经问过一个朋友：“李佳琦到底是个什么样人？”朋友的回答也是很有意思：“就是一个明明是个男人，却是涂任何口红都很好看的人。”

成名之前的李佳琦只是一个柜台的美妆导购，承受了一般人都承受不了的辛苦。现在的成就都是他当初一点一点打拼下来的。而现在的他显然已经没有了生活，他的生活中全是工作。在淘宝这样一个大平台下，李佳琦开始选择做直播，但是淘宝的直播间里每天都有上万场直播，李佳琦的工作每天就是选择自己要直播的物品清单，直播的时候仔细斟酌自己的语言和每一种物品的呈现方式，直播完卸妆并对今天的内容进行总结。在一年的365天中，李佳琦做过389场直播，而在一场6个小时的直播中，他试过189支口红。就这样在不停的试色和卸掉的过程中他觉得自己看到口红都觉得害怕。

但是即使在这么让人折磨的情况下，李佳琦依旧不敢停下自己的脚步。因为他得站在最靠近舞台的地方，这样可以保证他随时都能冲上去。不能停下的脚步会让人越来越累，但是还是得咬牙坚持着。功夫不负有心人，李佳琦终于突出重围出现在大家的眼中，他用自己的成绩证明自己这些年的努力和坚持都是值得的，都没有白费。

人生就是一场浩浩荡荡的选择之旅，当你选择放弃奔跑，安逸地享受现在悠闲的生活，那就不要时时抱怨自己的平庸，你的抱怨挽救不了你的生活，只会让它更加糟糕。你想要赶上开往成功的那班车，你就得时时刻刻行动着，确保自己能够随时跳上那辆一闪而过的车子。

每个人都是人生路上的追梦人，匆匆忙忙地在道路上四处追寻着自己的归宿，也在四处张望着何处能够安放自己一直以来都只敢隐藏在心中的梦想。但是，每一个梦想都需要持续不断地坚持，没有谁可以轻轻松松就走上最高的领奖台，也没有谁能够轻易就赶上那个一直都在追赶的机会的列车，前提是你已经离机会列车的站台只有几步之遥，那样才能在它到来的时候稍微加一点速就跨上车。

第7章 勇敢应对世间繁复的折磨——下雨天，自己为自己打伞

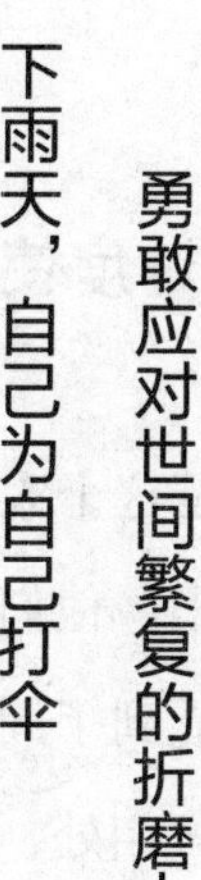

没有人能够逃脱这个世界的种种折磨与痛苦，当暴风雨真的要来临的时候请千万要保护好自己，勇敢地面对，那么苦难总是会过去的，但是你若一味逃避，便会永远饱受折磨。内心的强大才能让你拥有面对一切的勇气。

你一个人在荒野中走过夜路吗？静悄悄的四周总是会让人有巨大的恐惧，试着为自己点亮一盏灯，再大声歌唱，勇敢的你总会找到让自己继续前进的方法，让自己有更加坚强的内心。

打倒你的永远不是别人，而是已经在内心放弃了的你自己！

不要过度使用你的善良

善良是这个人情世界温暖的光亮，善良的人都是朋友们身边的小太阳，他们散发着自己的光芒，让周围的每一位伙伴都感觉自己受到了周全的照顾。每个人都喜欢跟那些能够贴心照顾自己的人相处，但是当受到了别人细密的照料之后呢，关系没有这么密切的人得到了别人的关怀之后就会悄然离去，关系特别紧密的人又会是觉得理所当然。

在每一份善良的背后都有一个同样渴求温暖的人，但是这个世界上还有很多人你不知道他们心里是怎么想的。所谓知人知面不知心，也许你付出的真心就被其他人看成不怀好意。那个时候，没有人会理解你的难处，看出你的感受，他们只会为了自己的利益无视你之前的每一次付出，只能看到对自己有利的地方。

在每个人的工作生涯中，都会有不一样的挫折和磨难，有些需要争取，但是有些只要证明自己就可以了。秦枫是一个善良活泼可爱的姑娘，跟每一个同事的关系都很好，她见到大家会开心地打招呼，平时找她帮忙的事情都能高质高量地完成，所以每次来不及完成的任务都可以很放心地交给她，保准不会出错。

但是正是因为秦枫的热情，也给自己招来了祸端。

在一个周五的晚上，同事张莹着急忙慌地把一堆财务报表放到秦枫的座位上，恳切地说："小枫，我真的约了人，特别着急，你帮我做一下吧，求求你了，老板说晚上9点放在她的桌子上。我已经做了三分之二了，就剩下最后三分之一了，求你了！"看着张莹这么着急的表情，秦枫想着今天晚上也没什么重要的事，虽然不是很情愿但还是答应了。

秦枫做完自己的事情之后，开始帮张莹做剩下的报表，做完了整个工作之后已经快9点了，于是秦枫签上自己的名字放到老板的办公桌上就离开了，回到家都已经10点多了。谁知周一上班的时候，老板把秦枫叫到办公室，说："这个是你做的吗？你还是个刚毕业的小学生吗？还犯这么低级的错误，你知不知道这个错误一旦没有被发现将会对公司的决策产生多大的偏差？"但是秦枫发现出错的那部分不是自己做的，而是张莹做的。秦枫特别委屈地辩解，但是老板只看结果，谁最后签了字，谁就得为这件事情负责。最让秦枫失望的是，在整个过程中张莹都没有任何反应，完全不顾她当时只是帮她的忙而已。

也许你认为你的善良可以得到最好的反馈，但是最终往往会给自己带来祸端，生活中像张莹这样的人还有很多，你不知道你帮助的下一个人是不是就是张莹，所以你所帮助的那个人她也许不会感激你的善意，反而会在某些时刻逃避责任，落井下石。

之前看到过一句让人印象深刻的话：不要四处滥用你的同情心。这个世界上还有很多不公平的事情每天都在发生，还有很多可怜的人生活在水深火热之中，他们也许生活在大山之中，每天吃不饱穿不暖，也有可能身处在一个战乱的国家，从出生到现在都不知道和平是一种什么样的景象。但是，世界上有这么多需要怜悯的人和事，都滥用你的同情心的话，那你需要担忧的事情该有多少。

另外，假若你每看到一件可怜之事就心底有酸楚的话，那将会影响你每天的情绪。在现在这个信息飞速发展的时代，不出门皆知天下事。这世界的每一个角落里发生的可怜之事都会在一瞬间传进你的眼睛，你每天的情绪也会沉浸在这样一种氛围之中，长期下去便会影响你的生活。所以，你只需要做好你自己，保持心中的善意，但不是所有人都值得你付出善意，不伤害别人，你永远都是心中那个善良的自己。

道德是这个世界最温暖的光辉

道德是推动人全面发展的内在动力，从小老师就一直在教育我们不只要做一个学习成绩好的人，更要做一个德智体美劳全面发展的人，我们到学校去不只是要去学习的，更重要的是要学习做人。但是这个世界依旧不乏道德不良者，我们每一个人不仅要监督别人，同时要在监督自己，要想让这个世界更加纯良一点，就需要每一个人的努力。

读书的时候就一直在讨论人性本善和人性本恶的观点，但是不管是哪种观点，人都会自己慢慢地成长，完善自己内心的道德体系。在这个人心险恶的世界，我们依然从各个方面都能接收到不同的有害信息，从不同程度上伤害着我们的身体和心灵。每一位无良商家卖出的每一件黑心产品都是为了自己的利益，他们从来不管消费者的心灵感受。

还记得那年三聚氰胺事件，这次重大的奶制品污染事件导致三万九千多名婴儿受到影响，一万多名婴儿住院，造成4人死亡。生存下来本来就是一件不容易的事情，而这4条生命还未来得及看到这个世界的多彩绚烂就已经没有机会了。这些无良商家向那些幼小的生命下手，只顾着个人利益，最终受到了法律的制裁。

这个世界从来都不乏这些可怕的事情发生，道德仿佛是一个带着阳光的温暖词汇，它能让那些受害者看到一些希望。但是这些年来，随着社会的不断发展，道德这个词渐渐地让人有些看不清它的意义，也有些人开始装作弱者的模样用所谓的道德去谴责别人。因此，现如今道德绑架这个词语也甚是让人讨厌。

公交车上，有些老人可以对那些不让座的年轻人破口大骂；一些有钱人在某些公益活动上的捐款过少也会遭到社会群众的抨击；更有过分的人，在看到明星没有回应别人在媒体上公然发出的求助之后，就想借题发挥，以此引起轩然大波。但是仔细想想这些都是合理的吗？电影《搜索》中的女主角因为自己得了癌症在公交车上没有给老人让座，引得全车的人对她指指点点，而状态不好的女主角也说出了一些轻佻的话正好被同车的一名记者记录了下来，从而引起了社会群众的广泛议论，群众开始在网络上人肉搜索女主角的一切，这对女主角的生活造成了很大的影响，而且她还是一个生命垂危的人。故事的最后，因为网络暴力，女主角选择结束了自己年轻的生命。这是一个令人惋惜的故事，也是一个道德绑架的典型。没有谁该帮谁做什么，所有的善意都是他人心中的愿意付出，而不愿意帮助也是他人的权利。

这个世界需要善良的人，也需要保护这些善良的人，他们也需要被善良对待，不希望自己的善意给自己带来伤害，也希望这个世界能够多一点温暖和爱，不要让所有善良的人都只能感受到冰冷。

跟志趣相投的人在一起才更舒适

这是一个社交至上的社会，每天都有很多的人在忙于扩展自己的社交圈，增加自己的人脉。因为在很多人的印象中，人脉似乎可以跟自己的未来有点什么联系，他能在自己需要的时候提供某些帮助，但是每一个不同的行业、不一样的生活圈也许并不适合所有人，跟自己能够聊得来的人在一起是一种享受，跟自己完全不熟悉也不感兴趣的圈子在一起沟通则是一种煎熬。

当你在接触一样东西或者某个行业的时候，你会试着去了解，可能在你感兴趣的时候，会觉得还蛮有意思的，但是随着深入的了解，当你无法理解的时候就会觉得自己可能不太适合。这个时候你也许会选择放弃，但有时候能够坚持下来也是一种收获。但是人这一辈子，只在自己的领域做到有所收获就已经是一件不容易的事情，不必强迫自己融入那个没有归属感的世界。

这周六是一个适合出游的好天气，周旋不想一直窝在家里，正好有一个朋友邀请她去参加一场绘画座谈。周旋是非常喜欢画画的，但是自己每次画出来的东西就连自己看了都觉得好笑，更不用说朋友看到的反应了。所以对那些画画很优秀的人，周旋在心中都很佩服并且觉得他们身上都有一种神秘感。想着自己能够认识一位绘画界的新朋友，周旋就欣然答应了。

由于座谈是在下午，但是周旋是一个时间观念很强的人，早早地就出门了，还跟朋友一起去拜访本次座谈的主角。虽然周旋对绘画感兴趣，但是她真的是什么都不懂，所以整场座谈下来，所有的内容太过枯燥，各种专业名词是她从来都没有接触过的东西，但是碍于朋友的面子周旋只能硬着头皮听下去。周旋第一次感觉到一个小时是这么长，想玩手机又怕打扰了整个座谈的氛围，所以她就这样一直干坐着。

这样一个过程对周旋来说其实只是一个耐心的挑战而已，她不感兴趣所以也只是浪费时间而已。但是周日，她约了一个好朋友一起去做美甲，跟美甲师的交流就很顺畅，虽然也是不认识的人，但是她们从美甲聊到护肤，聊到彩妆，再聊到平时的一些穿着搭配、好物推荐。超过两个小时的美甲过程，周旋一点都没有觉得无趣，这就是有共同话题的人才能聊得更加顺畅。

所以，适合自己的才是最好的，周旋在绘画座谈上的坐立不安和在美甲店的侃侃而谈就可以看出，不同的行业和生活圈不必强行融入。在自己不擅长的领域做得不好也不必自责，也不是你没有他人优秀，在你自己喜欢的领域你也可以打败很多人。

俗语有称：隔行如隔山。不必强行融入不擅长的领域，这样不过是徒增烦恼，术业有专攻，做好自己该做的才是最重要的事情。未来你的价值是你在专业领域的高度，而不是你在多少领域的宽度。加油做自己，你会有一片值得闯荡的天空。

当你站在了一定的高度才有决定的权利

一个人有多强大，那么他内心就有多大的力量。“会当凌绝顶，一览众山小”，只有你能够走向更加高远的地方，才能够看清远处的风景，山脚下你永远只能看见周围的一小片花草树木，而站在更高的山峰，你才能看到整片森林的宏伟壮阔。这个世界上，每天都有很多的人在不断地往上爬，只为着能够用自己的力量看到未来更广阔的天空。

在一家企业之中，只有处于管理层顶端的人才是整个企业的核心指导力量。在一级一级的组织构架中，每一个人扮演着自己的角色，在自己的能力范围内尽最大的努力完成自己的工作。而最下面的执行者往往只能执行别人的命令，即使有自己的想法，也无法尽情地去展现自己的能力和才华，等待自己强大的那一刻，你才能拿出自己的方案，让别人也依据你的想法很认真地去执行，去一点一点将其变成现实。

出生在一个小山村的刘素当初在选专业的时候思考良久，家里为了供他读书已经是负债累累，他考虑的只是以后好找工作并且收入能够在短时间内达到预期，最终他选择了市场营销这个专业，他认为不管是什么公司做出的产品都需要有人销售出去，而且这个专业也应该是需求量很大，所以他选择了这个专业。

毕业之后，刘素进入了一家实力还算不错的企业的市场部，但是刚进入公司的刘素是个一点都不起眼的小伙子，由于市场部的同事每天的工作都很忙，也没有人教他，虽然大学的专业学习的是市场营销，但是实战起来跟课本里学习的那些理论有很大的差别。所以这个时候的刘素只能自己学习，所以每天他都只能根据自己的观察能力来自学，每次新的产品推广策划大会，他都认真做着笔记，反复总结和对比每次产品的推广方案。渐渐地，刘素的工作能力也有所提升，在开会的时候也能够提出自己的观点，得到了领导的注意和赞许。

国庆节假期，刘素并没有特殊的计划便自愿来公司加班，正巧公司有一个重要谈判，领导一时间找不到人跟随，于是临时决定带刘素前去，刘素十分珍惜这次机会，跟着这位领导学习到了很多。后来，刘素一遇到问题就向这位领导请教。而刘素的也凭借着自己的实力一步一步走到了市场部主管的位子。

刘素十分感谢当年给他带来很多帮助的那位领导，所以在部门来了新人的时候，他总是耐心地教他们，还嘱咐说："只要有什么问题都可以来问，不要顾虑什么，只要是我知道的都会倾囊相助。"

有时候，对有些人来说，找工作不是一件简单的事情，而找到一份自己满意的更是一件困难的事情，但是认真对待每一份工作才是最重要的事情。当你只是一个无名小卒的时候，你可能看不到自己的未来在哪里，这个时候你要做的就是让自己快快成长，当你成为一个行业的领路人了，你就可以以足够的力量来撼动整个行业的发展方向。

努力不是一句空话，重要的是坚持和每一次不放弃，想想自己到底能够做到什么程度，就相应地付出多大的努力，这样才有可能最终到达高远的天空。

不管多亲近的人，都有选择不帮助你的权利

人天生就是一种群居动物，喜欢热闹、喜欢跟人待在一起是人的天性。但是，在人的一生之中，在这漫长又短暂的几十年，能一直陪着你的只有你自己一个人，没有人可以陪你走一辈子，你也不能保证在你人生的最后一刻还有你想见到的人一直都在陪伴你。这一生你唯一可以依靠的就是你自己。没有人在一开始的时候就习惯独处，也没有人不喜欢一直有人陪在自己身边，但也许有时候独处恰恰是你能够发现自我的时候。

当一个人在失意之时，最希望的就是能够有人陪在自己的身边，因为人在这个时候感情最为脆弱，总希望自己的身边能有一个喧闹的人赶走心中的不愉悦，想用另一个事物来吸引自己的注意力，转移目前的苦恼。可是，这件事情自己一个人也能做到。痛苦时，你可以做一切你平时喜欢做的事情，你可以打打游戏，看场电影，或者趁着自己现在心情不是很好去一直

想去的城市散散心。不要把自己的脆弱暴露给别人，即使是特别好的朋友，也不要给别人增加烦恼。

在整个大学期间，陈聪并不知道自己的方向是什么，他整日沉浸在游戏的世界里，对于学习的事情从来都没有上过心，上课的时候就是在睡觉，其余的时间都在磨炼自己的游戏技术，等到毕业之后找工作的时候才意识到专业学习的重要性。但是陈聪也一直并没有很着急，因为他有一个表姐在一家很大的公司，而父母也已经提前跟表姐打过招呼说是可以给他安排工作，所以陈聪还是像以前一样继续吊儿郎当地过着。

终于等到了毕业的日子，陈聪却没有等来表姐安排好的工作。由于集团人事变动，裁人的规模越来越大，表姐的公司已经无法找到适合陈聪的工作，这让陈聪有点措手不及，更生气的却是陈聪的妈妈。当陈聪的妈妈知道表姐已经无法给他儿子安排工作的时候，立即打了个电话给他表姐，不由分说地抱怨道："当初说好的给陈聪找工作，他现在毕业了，也没有找到其他的工作，这事情你不应该负责吗？反正我们不管，陈聪现在是找不到什么好工作，既然你当初答应了，陈聪的工作就必须由你来落实！"对此，表姐一句话都没有说，她应该是很失望，没有工作这个事情只能怨陈聪自己，跟她有什么关系。

互相帮助本就是人类几千年发展留下来的美好品德，但是现在的人总是要曲解互相帮助的意思，来自别人的帮助本来就是他人的本意，选择不帮助也是别人的权利，每个人都不能用人情来绑架别人。

“一个人可以走得很快，但是一群人可以走得很远。”这是现代企业希望自己的员工能够做到团队作战而给出的口号。然而，在现在这个社会，人情冷暖，个人自知，我们都只是为了自己的事业而努力奋斗，当你遇到生活和工作上的难处的时候，有时候不能渴求别人能够给你带来多少的帮助，因为他帮助了你是看在多年相处的情分之上，但是如果他没有帮助你，那也是没有任何问题的，因为他没有这个义务非要给你帮助。

你不能用道德去绑架任何一个想跟你真心相处的人，每个人都希望有个知己，有一个生命中无话不谈的朋友。当你遇到了某种困难，你觉得自己曾经帮助了他，那么在现在这个时候他就必须要为了你而站出来吗？你有想过当时你伸出援手的时候是他真正想要的吗？也许他只是想尽自己的能力解决自己的问题，也许他真的不需要任何人的帮助呢。

所以，不必功利地去对待你的每一位朋友，不要把朋友只是定位成互相帮助的人，当你有需要了你就去找他，当你没有什么事情的时候又把他放在一边。你的事情始终都是自己的事情，别人有权利不闻不问，也没有义务对你的人生负责。

不努力就永远没有选择的权利

也许你抱怨过自己从小没有出生在一个殷实的家庭，你没有可以炫耀的父母，你也不能像别人一样想要什么东西就能够买什么东西，你更不能明明自己很喜欢学习那个花费很高的乐器却不考虑自己的家庭情况，这些都是原生家庭带来的你不满意的地方。但是你真的觉得不幸福吗？虽然父母没有什么文化，但是在你学习辛苦的时候给你端上一杯牛奶，在你生病的时候把你紧紧地搂在怀里，你喜欢吃的东西每天变着花样呈现在餐桌上，你想要很久的篮球鞋攒了几个月的工资只为了给你一个惊喜。这样你还觉得自己是个不幸的人吗？

当你渐渐地长大了，离开家，这个时候的成就感才更能带给一个人更多的幸福感。你靠着自己的双手，打拼下了自己的事业、给父母带来了更好的生活体验，那才是身为人、身为子女所得到的更加殷实的幸福感！

克里斯·加纳人到中年，身上不仅有沉重的家庭负担，还濒临破产，这位平凡的医疗器械推销员因为决策失误将自己的全部积蓄都投在了一个很难卖出去的医疗仪器上。妻子的不堪忍受和生活上的各种困境让克里斯饱受压力，但是他依旧在儿子面前表现出更加坚强的样子。

有一天在一个证券公司的门口，他看见一个衣着光鲜的成功男士便向他讨教成功的秘籍，得知他是一个证券经纪人，而那个时候窘迫的克里斯看到那里的人脸上都洋溢着幸福的笑容，他觉得自己拥有成为优秀证券经纪人的资质，所以决定到那里求职。但是实习期没有任何薪资，这对于克里斯来说是更大的打击。妻子的离去，身上的钱已经所剩无几，克里斯只能带着儿子四处流浪，收容所、地铁站、便宜的汽车旅馆，在地铁站的洗手间里这个坚强的男人抱着自己的儿子，抵挡着外面行人的敲门声，流下了心痛的泪水。仿佛这个世界所有的不幸都降临在自己的身上，但是即使窘迫，他依旧用力的活着。他坚信自己一定可以成功，所以用尽一切力气做好实习要做地所有事情。

最终，克里斯成功地留在了证券公司，他成为20个实习生中唯一留在公司的人，当看似无情的白人老板告知这一消息的时候，克里斯已经难掩自己心中激动的表情，他控制自己眼中掩藏不住的泪水，慌乱中他走到大街上，在拥挤的人潮中尽情让泪水流出，他给自己鼓掌，感谢那个即使真的快要坚持不下去又努力坚持到最后的自己。

这就是那个感动了并且也激励了无数人的《当幸福来敲门》的故事，毫无疑问，故事中的克里斯是不幸的，但是他又是幸运的，他有一个理解他并且从来也不抱怨生活艰苦的儿子，他有一个强大的内心和异于常人的坚韧，他还有想要成功的决心和勇气。这个世界不缺少不幸的人，要想让自己变得幸运，你需要做的还有很多。

你觉得自己是一个不幸的人吗？当你开始这样想的时候，你就已经是一个不幸的人了。首先在你的心目中幸福的定义到底是什么？你所想要的幸福到底是一个怎么样的情景？不管怎样，幸福是需要用自己的双手来创造的，它需要你在心中搭建好自己理想的生活的模样，然后靠着自己的努力来打造自己的幸福生活。

越是亲近的人越可能会伤害你

人的本性中藏着一些恶性因子，看见别人有的东西，会羡慕会嫉妒。人的欲望是一件可怕的东西。也许适度的欲望是一件很好的事情，它能够帮助你在得到某一件东西的时候付出更大的心思和努力，但是过度的欲望容易扰乱人的心智，它会让你失去原本的方向，误入歧途还不自知，只能越走越远，也许等你发现的时候就已经没有了回头的机会。也许在你身边你最了解的人，会更容易受到伤害。

从小到大，沈婕一直都是一个招人喜欢的姑娘。她家境殷实，却从来没有公主脾气，心地善良，对待每一个人都谦恭有礼，所以读书时期的沈婕从来都不缺少朋友，她也往往能成为所在区域的焦点和中心。张雨是沈婕的大学室友，四年的同窗和每日为伴让两人的关系变得异常亲密。她们一起吃饭，一起出去逛街，一起学习，也一起运动，但是沈婕的优秀和光芒总是让张雨心中感到酸意，渐渐地在心中累积出一层隔阂，但是单纯的沈婕却一点都没有察觉。

大学毕业的那一年，沈婕跟张雨给两人安排了一场期盼已久的毕业旅行。经济出现问题的张雨跟沈婕说："我现在身上已经没有那么多钱，等我有钱了就一定还给你。"沈婕从来没有把经济上的事情当成两人之间友谊的负担，所以也没有放在心上，便跟张雨说："没事的，就是一个毕业旅行，我们珍惜当下的时光就行了，钱你有就给我，没有就不用了。"于是，张雨从此以后就再也没有提过还钱的事。

毕业之后的张雨和沈婕共同留在了大学所在的城市，她们开始了毕业之后的奋斗生活。有一天，张雨来借沈婕的身份证，沈婕想也没想就答应了，等到张雨把身份证还给沈婕之后的某一天，张雨离开了家，从那以后再也没有回来。沈婕异常地担心，疯狂地给张雨打电话，但是在收到张雨的一条短信后张雨便消失了，短信上说：我很好，勿念，电话就再也打不通了。

三个月后的一天，沈婕收到了民间贷款公司的催款通知，原来张雨贷款了30万元，而担保人是沈婕，但是现在他们联系不上张雨，只能逼沈婕来还这30万元。心中异常震惊的沈婕这才发现自己受到了欺骗，这才发现自己其实对张雨一无所知，连她的老家在哪都不知道。虽然已经报警，但是张雨已经找不到了，沈婕只能求助于父母，把这份钱给还了。

知人知面不知心，也许你身边最相信的人会在不知不觉之中给你布下致命的陷阱。所以不管是谁，你都不能百分之百地信任，这个世界上最可信的只有自己，做什么事情都要考虑好后果，做好万全之策。但是，也不能不交朋友，友情也是这个世界上最宝贵的东西，好好珍惜，才能体验这世间万物。

每个人的心中都住着两个天使，当你在心里纠结一件事情的时候，心中的黑白天使就开始打架。黑天使是人本性中存在的黑暗，它总是怂恿你去做一些对自己有利但是可能会对别人造成伤害的事情，而白天使总是在这个时候提醒你要冷静，不能为了自己一时的利益而做出一些伤天害理的事情。但是假如你冲动做了伤害别人的事情，在当下你会觉得自己并没有做错什么，但是当你冷静下来的时候，你会在心里默默自责。所以，做好自己，善待他人，你才能更加自在，也更自由。

第8章 孤独之路也可以美好快乐——放开压力，轻松前行

在这个快节奏的社会，每个人都会感受到形形色色的压力，这些压力总能给人的情绪带来干扰，更严重者还会受到抑郁症的折磨。当然适当的压力总能在一定程度上给人带来动力，但是给自己过大的压力就会让自己的内心感受到无法承受的压迫，那个时候过激的情绪总会把人带入到一个可怕的误区，有时候甚至会做出让人不解的可怕的事情。

放松心态，生活是自己的，不要总是把自己绑在自己设定的压力之上，也许轻松应对的时候会有出乎意料的好结果。

压力都是你给自己的

在这个快节奏的社会里，每个成年人往往会感受到来自四面八方的压力，这些负担有时候会像大山一样，压得人喘不过气来，可是，压力这件事情真的是别人给予的吗？也许有时候有些你不可改变的事情会变成你自己心中巨大的石头，但是，你是否有解决事情的实力才是现在的你应该真正去考虑的事情。

读书的时候，你为自己的学业所烦恼，你总是考不到自己想要的名次，你也总是拿不到那个对你来说很重要的奖学金；工作的时候，你会抱怨自己的工作太繁忙，你会觉得老板怎么这么难伺候，不管做什么样的方案都不满意，而你总是跟奖金没有任何关系；在感情上，你总是最失败的那一个，你总是遇不到那样一个相互理解又相互依靠的伴侣。

这些都是你所面对的烦恼吗？这也是你所感受到的很大一部分压力的来源吧。可是，这不也是每个人的人生都会面对的事情吗？那些你一直羡慕的优秀的人，他们是一直这么优秀吗？他们又是为什么这么优秀呢？每个沉着冷静的人也不是一直都是这样，也许你能够从他们的经历里总结出点什么。

读大三的那年有一天周六的早上6点钟，陆萍接到了父亲的电话，说他头晕难受了好几天了，在外打工的父亲到当地医院去检查，结果显示为脑梗塞。陆萍从小就知道脑梗塞是一种什么样的病，因为奶奶在她读小学二年级的时候就因此住进了医院，从那以后就半身不遂、行动不便，陆萍知道这种病所有的症状和可能会发生的后果。因此，当得知父亲也是这种疾病的时候还只是学生的陆萍心中害怕极了。立刻订了一张车票前往父亲所在的城市，着急忙慌地赶到了父亲的身边。从那以后，陆萍做什么事情都觉得自己的心中有一股压力存在。

大四那一年，陆萍放弃了自己心中一直想考研的愿望，她希望自己能早点走进社会，给他们原本就不富裕的家庭减轻一点生活的压力。所以陆萍心中虽然有很多遗憾，但是也勇往直前，更加努力地工作。

除了自己平时的工作以外，陆萍还找了很多兼职来做，她希望自己能够成为一个足以让父母衣食无忧的人，于是对挣钱这件事有着别人无法理解的执着。陆萍每个月的收入除了购买生活必需品剩下的都存了起来，虽然父亲的病情已经很稳定也有一些收入，但是陆萍依旧觉得自己身上有很大的经济压力。她开始变得更加焦虑，对存钱有更深的执念。

压力其实都是自己给自己的，当你给自己设下一个生存的骗局之后便不知道该如何走出来，但是其实认真思考之后你会发现，压力也并不是自己一定要背负的事情。陆萍的父亲虽然生病了，但是只要现在好好控制就不会再复发，虽然照顾父母是每一个人的责任，但是这条路还很长，你成长的路还有很远，未来的你会闪闪发光，走向自己的人生辉煌。

所以在现在这一刻不要着急，你唯一应该做的就是努力提升自己，当你把压力转变成让自己变得更加优秀的动力的时候，你就会发现成长的满足感高过压力带给你的压迫感。释放心中的压力，给自己的心灵更多自由的空气，你一定会对自己更加充满信心。

不要让现在的烦恼绑架你未来更美好的生活

生活不可能一帆风顺，总会有这样或者那样的烦恼涌上心头，但是生活不就是酸甜苦辣咸交织交融，才拼凑出这有滋有味的世界。烦恼是会一直存在的，所以，人不能排斥烦恼的存在，坦然地去面对和接受烦恼是生活中必不可少的一部分，是最明智的决定。

对待每一件事情都要从全新的角度出发，不要总是只看到事情最不好的那一面，想好应对整个事情的最佳策略，在心里做好最差的打算，尽最大的努力，放下最执拗的信念，只要自己尽力的事情就不必再感到遗憾。在一件复杂而又艰难的事情中，从你最熟悉的地方着手，让开始时的心情更加放松，循序渐进，慢慢从每一个你能够完成的那步做起，才会渐入佳境，走到自己最终想要到达的高度。那样自己才能够从这些让人烦恼的难题中解脱出来，而随着一次又一次的蜕变，你会开始享受这些让你觉得困难的事情，而你也会乐于去接受这些挑战。

洛克菲勒是在19世纪出现的第一个亿万富翁，是一位美国的实业家和慈善家，被人尊称为“石油大王”。但是年轻时候的洛克菲勒过得并不是很开心，唯一能够使他快乐起来的事情就是做成一单生意挣到一大笔钱。但是如果一场生意失败了，洛克菲勒会极度沮丧甚至会病倒。就在他的生意越做越大的时候，他开始受到很多人的谴责，因为他开创了世界上最初始的垄断集团，而这一行为也被很多人所反对。

人们对他的仇恨从一开始的背后行为渐渐地变成铺天盖地的辱骂，最终上升到了人身攻击的程度，他开始聘用很多的保镖来确保他的安全，但是这在他心里始终是一件恐怖的事情。他也是一个平常人，也会在意别人的眼光，于是压力过大的他开始焦虑，渐渐地他开始失眠，很多疾病都找上门来。他开始反省自己赚钱的意义，想到自己现在虽然拥有很多财富但是却一点都不快乐。

他开始把自己的钱捐出去，捐给教堂，捐给学校，捐给那些需要帮助的任何组织。直到后来，他成立了一个庞大的国际性基金会：洛克菲勒基金会。以此来帮助全世界需要帮助的地方。而在这样的过程中洛克菲勒觉得自己的生活变得轻松多了，也觉得生活变得美好多了。

烦恼只是暂时蒙蔽了你的心神，当你能够逐渐打开自己的内心，用更加轻松的心态来面对需要面对的困难，你会用更加温暖的手段来为自己、为这个世界做一点力所能及的事。当然你可以不用像洛克菲勒那样做出惊天动地的大事，你可以微笑着面对你遇到的每一个人，公交车上给每一个需要帮助的人让个座位，做你能够做到的。

无私的付出可以扫清自己内心的不安和烦恼，生活还是这么美好，你不应该用现在的烦恼绑架自己的生活，放松自己的心态，尝试从另外的角度思考问题，也许你会找到让自己快乐的方法和意义。

忙碌并不是最重要的，快乐才是生命的本意

生命的意义是什么？每个人的心中也许都有自己的答案。有的人希望自己能够年轻有为，成为一个穿梭在高楼大厦之间的成功人士；也有的人就喜欢浪迹天涯，领略这世界所有的美好；也有的人就希望自己的生活过得平淡普通，上班的时间认真上班，下班的时候认真生活，尽管物质上没有做到富足有余，但是什么都刚刚好。不同的人有不同的选择，也有属于

自己的生命的轨迹，能找到适合自己的乐趣才是生命真正的意义。

所以，每个人生命的意义都是不同的，但归根结底又都是相同的。每个人想要的都不过是开心快乐而已，而快乐的源泉又都是心底里的自我满足。当生活中处处充满烦恼的时候，不过是你想要的得不到满足，不同程度的欲望将给你带来不同程度的烦恼。而在自己能力水平上放弃一些愿望会让你更快乐一点，你要知道，人生活最重要的是能够取悦自己，心底里快乐才是真正的快乐。

现代科技发展得越来越让人不敢相信，每个人的生活节奏都在不断地加快。徐蕾大学的时候学习的是现在最热门的专业：金融学。学习的生活总是很简单和充实的，而徐蕾也幻想着以后的生活每天都加倍努力地学习。毕业之后由于学习成绩比较优秀，在校招的时候就被一家外企看上，签订了劳动合同，而徐蕾在这短短的时间内也给自己放了一个假期，策划了一场毕业旅行。

入职之后，徐蕾的生活就真的变成两点一线，工作异常繁忙，每天基本上就是在家里和公司两个地方活动。平时连觉都不够睡，一到休息的时候就只想在家睡睡懒觉，睡醒之后甚至还要在家把一些临时出现的工作做完。但是徐蕾的收入水平还是很乐观的，在父母看来徐蕾就是一个完全都不用再操心的孩子，也是他们心中的骄傲，在别人眼中，徐蕾也成了他们孩子的榜样。

但是两年过去了，徐蕾过得并不开心，她开始觉得现在的生活除了忙碌就是无趣，她完全没有自己的时间，以前上学的时候她每周都会给自己留出固定的时间看书、看电影，去运动一下。但是现在她的生活只充斥着数字和各种各样的方案。于是，她跟公司提出了休年假，自从毕业旅行的时候她就爱上了这种探索世界的方式，她喜欢这些新奇的事物，也喜欢了解不同地方的风俗文化。当徐蕾来到成都的时候，忽然就爱上了这所城市，她喜欢这个城市的节奏，喜欢这里的人都以自己想要的生活方式过着自己的小日子，她觉得这才是她想要的生活。

于是，她决定辞去现在光鲜亮丽的工作，用自己最近两年积攒下来的钱在成都开了一家客栈，她想要给来到这个城市的旅人一个舒适的生活环境，也想给他们展现这个城市最和善的一面，而她也开始有了自己的生活，除去每天整理的时间，她有大量的时间可以看书、运动，也会给把客栈交给店员打理，自己来一场说走就走的旅行，她也终于找到了自己最想做的事情，也终于可以以自己想要的生活方式过完这一生。

生活的本质是什么？当你忙碌了一天回到家特别疲软地瘫在沙发上的时候，你有想过现在的生活是你想要的生活吗？你忙碌了一天连喘气的机会都没有时会觉得生活特别没有希望吗？其实每个人都有自己想要的生活方式，徐蕾经历了那些繁忙的日子，终于找到了她的田园生活，虽然现在挣到的钱远没有以前多，但是至少现在的她是快乐的。

生活在这个忙碌的世界里，一定要每天都提醒自己，快乐才是最重要的。当你忙碌了一生都不知道自己忙碌的意义是什么就略显可悲了，做自己想做的事情、让内心觉得充实有意义的事情才是生命最淳朴的意义。不论你是重要的社会角色还是平凡的小小职员，找准自己的位置，发现生活的意义才会看到这个世界的美好。

坚持自己的底线，遇见最真实的自己

生命是一段漫长的旅行，也是一段很有意思的过程，渐渐长大的你不断吸收着各种各样五花八门的知识技能，每个人都在努力地学习生存下去的知识技能。当你渐渐地长大，你会发现自己学的很多知识都是不重要的，你开始简化自己的负担，判断哪些东西是不应该出现在你的世界里，在这个删繁就简的过程中，你会树立属于自己的世界观，找到真正属于自己的心灵净土。

在这个浮躁又功利的社会中，很多人为了自己心中的欲望而迷失了自我。都说金钱和权力是人追求的至高荣誉，但是职位越高，责任越重，当你的能力无法跟你的职位相匹配的时候你就会发现这对于自己来说也是一种折磨，但是用一个本不属于自己的世界来做着荒诞的梦是你人生的追求吗？不要让那些看上去诱人的事情腐蚀了你本来纯净的心灵，你应该为了你最初的世界继续努力。

对于程成来说，只要做的事情无愧于心，不违背原则，那就大胆去做。但是一旦触摸到了道德的底线那就是一定都不能做的事情。今年是程成在中介服务行业工作的第五个年头，在这五年间，程成为很多人找到了自己想要的家，而她也因此赢得了更多人的尊敬和喜爱。

有一次，程成在吃饭时正好遇到了一个要买学区房的客户，而客户也正是看到了她身上中介的标志开始跟程成讲述自己的需求。于是回到公司程成就开始根据客户的要求帮他找房子，在整个看房过程中，程成一直尽心尽责，当客户有不满意的要求时也尽量重新匹配更符合要求的房子给他。而客户在整个过程中特别配合，在连续一周看房无数次之后，也终于找到了自己满意的房子，但是这时客户却突然不着急了。

直到有一天，客户约程成出来，拿出了一沓现金摆放在她的面前，说："小姑娘，我也知道你很不容易，帮我找了这么多房子还四处带我去看房。这样吧！我给你两万块钱，肯定比你在公司提成拿得多，我们约业主把房子过户吧。"程成想都没想就拒绝了，说："不好意思，我不能答应您的这个要求，在这个平台上，我用了上面的资源，享受着信息带来的便利，那我就一定要遵守它的规则，这也是我的道德底线。"最终，

程成用自己的真诚和实力打动了客户，顺利签约。

其实也许并不是你不想追随初心，只是因为你受到太多人的影响和误导，最终离理想中的自己越来越远。这也许是有别人的引导，但是总归是自己不够坚定。就像程成其实自己的经济条件也不是很好，但是她还是能够坚守自己心中的底线，不为外界的诱惑改变自己内心的想法，其实这些诱惑对程成来说是有吸引力的，但是她依旧能够摸着自己的良心做该做的事情。

对于现在的年轻人来说，保持本心是一件特别困难的事情。这个过程虽然艰难，但是在坚持的过程中你会逐渐发现自己跟别人的不同，这就是一场类似凤凰涅槃的艰苦过程，即使面对困难，你也应该更加确定你内心的最初的想法，不要因为别人投来异样的目光就怀疑自己选择的道路是否正确，坚定地走下去你会发现自己会有更大的成长。

人们总是会放大那些不好的结果

读书的时候，老师总是说：同学们，你们现在遇到的困难只不过是人生中一个小小的关卡而已，当你们到了我这个年纪，你就会发现你们现在所面对的你们认为很难扛过去的挫折也不过如此，所以不要让现在的痛苦蒙上了你的眼睛，只要你们勇敢地面对，它也不过是能够迈过去的门坎。

俗话说：不听老人言，吃亏在眼前。这些过来人的忠告总是有更深刻的意义，因为都是他们漫长人生亲身经历过的事情。有时候当我们忽然发现自己所做的事情真的像长辈说的一样，也在后悔当初怎么没有听从他们的建议。但是所有的忠告都是来自别人的生活体验，你自己经历过后会觉得更加深刻。不管在什么时候，进入更加艰难的时刻，找出自己的不足远比沉浸在挫败感中来得更加重要。

两个年轻人都是户外运动爱好者，相约一起去征服雪山。像这种户外冒险类的活动，总会有一些意外来临。认真选择天气的两人找到了一个最佳时机上山，阳光普照，温度也很好，他们也都在感叹自己的选择是多么正确，山脚下的美丽自然风光总是让人沉醉，他们都纷纷拿出自己的相机记录着美好的瞬间。

在他们攀爬到半山腰的时候，天色突然变暗了，云朵的聚集开始让他们俩有点心慌，但是都已经在半山腰了下去又有点不甘心，于是他们还在继续往上爬。然而祸不单行，在一个险峻的地方，他们的包裹不慎掉落，这对他们的心灵来说也是一个巨大的打击，但是他们还是没有放弃，继续往上爬着。

但是越往上爬，乌云就越聚越多，还伴随着细小的雨滴落下，两人的内心信念突然开始崩溃，即使只剩三分之一了，他们还是选择放弃，向山下的搜救团队求助了。等到他们已经到达山脚下的时候，天气开始变得明朗起来了，乌云渐渐地散去，天空又是蔚蓝一片。

而这个时候他们两人都在后悔，成功登顶就在眼前，他们应该相信此前查询到的天气预报，情况并不像他们担忧的那样，而他们心中的恐惧把结果无限放大，最终他们没有到达终点。

其实有时候只是自己的恐惧在支配着你的思想，当你已经做好了充足的准备，坚信自己可以做到，那么也许你就能取得成功。

在这个人人自危的社会里，每个人都在很用力地活着，我们告诉自己生活还是要有的，要做一个精致的人，我们认真地对待工作中的每一项任务，希望用自己最大的努力做到完美。可当生活猝不及防地带来一记重击就会瞬间把之前做的所有心理建设全部击碎，我们开始否定自己，用更加消极的态度面对这个已经让我们失望的世界。

可是，这已经是最差的情况了吗？事情真的像你想象的那么糟糕了吗？显然没有，这个世界最没有希望的事情就是死亡，当你已经无法再感知这个世界的时候才是最后的完结，所以你现在遇到的事情不过是生命这一阶段的一个坎，跨过去，你就会发现其实也只是像翻过一座很高很远的桥一样云淡风轻，只是当时的你被困在这个局之中，你以为桥很远很远，但是慢慢地走还是到了尽头。

抓住生活中一点一滴的快乐

现实社会的生活有多糟糕，大概每个独自拼搏过的年轻人都体会过。经常听到有人对着一个即将从大学校园走入社会并且心怀美好梦想的年轻人感叹道："唉，还是没有经过社会的毒打，等他工作个一到两年，他就会发现这个世界是多么残忍。"是啊，社会是挺残酷的，但是即使在这样艰难的条件下，人就会变得不快乐吗？到底是这个社会让你没有快乐的机会，还是你限制了你自己快乐的权利。

18世纪的英国心理学家霍布斯认为：快乐是"善"的感觉，是心灵的"表象"，而痛苦则是"恶"的感觉，是良知的"隐象"。没人有剥夺快乐的权利，只是你自己非要一直盯着自己不快乐的那些过往，所以你的心里始终都被那些不幸的事情蒙蔽，你无法感知来自陌生人的善意，你也不知道用自己的善举去温暖别人，所以你找不到有什么可以让自己快乐的事情。但是快乐从来都不需要寻找，它其实一直都在你心里，只要你擦掉心灵的雾霾，就能够感知这个世界的阳光。

乐观阳光的人不只自己是快乐的，她同时也能给身边的人带去很多欢乐。文婧读书的那段时光过得异常艰难，尤其是读高中时的那段日子。小时候文婧一直是大家羡慕的好学生，性格好，学习成绩好，永远是人群中大家注目的那个。但是在文婧读高中的时候，一堂体育课上突然感觉头晕目眩，紧接着就晕倒了，同学们赶忙把她送进医院，因此文婧开始了自己休学的时光。

半年之后的文婧重新返回课堂，很多课就再也跟不上了，她的内心也很焦急，每次考试之后的她总是会在哭泣中度过。同学们知道文婧的特殊情况，便会主动帮她补课，她的好朋友也一直都陪在她的身边，陪她吃饭上课，父母也很担心她的状况，隔一段时间就来学校看她一次。但是文婧的心里只有自己没做好的功课，越是焦急学习效果也就越不明显。

高考之后，文婧上了一所不是很好也不是很差的学校，选择了一个自己喜欢的专业。在自由度更高的大学校园里，文婧开始变得开朗，学业已经不是她的压力，而丰富多彩的文娱生活也让她觉得生活更加放松，她开始觉得生活并不只是只有学习，她有爱她的父母，陪伴她的好朋友，大家在一起奋斗着、努力着就是生命最重要的意义。

现在的文婧，有一份自己特别喜欢的工作，又有一群爱好电影的好朋友交流心得，每天生活得简单充实。每天在清晨的第一缕阳光中醒来就觉得是幸福的。

快乐从来都是在你身边围绕，在文婧觉得很艰难的时刻，来自父母的关爱、同学的陪伴都应该是让人的内心觉得更加的温暖，但是文婧那个时候只能看到自己始终都提高不了的学习成绩，她忽略了来自生活的快乐，但是快乐却从来都没有缺少，也许只要她抬起头就能感受得到。后来的文婧放下心中学业的执念，看到那些生活中的小确幸，她就是快乐的。

不要考虑自己没有什么，要认真想一想自己现在拥有什么。当你陷入自己得不到却又想要得到的死循环就会让自己更加难受，何不想想该怎么样才能让自己抓住在意的东西，努力是从来不会让人迷茫的方式之一，擦亮眼睛，你会看到快乐一直都在。

丢弃心中所有无用的烦恼

萧伯纳说：“让人忧愁的秘诀就是，有空闲时间来想一想自己到底快活不快活。”人的不快乐都是自己胡思乱想出来的，当你在思考的时候你就会一点一点地否定自己，这样一个思考的过程本身就是一件让人忧虑的事情。你只有让自己忙碌起来，专注做一件事情的时候才会让人屏蔽一切外界的信号和干扰，而完成之后的你会觉得自己这段时间异常的充实，并且不用考虑自己到底快不快乐。

很多人在独处的时光中总觉得自己寂寞，但是就有很多人喜欢独处，享受孤单。因为享受的人一直都在忙碌着，他们都在做着自己喜欢做的事情，甚至都觉得自己的时间不够用，而觉得寂寞的人压根就不知道自己想要干什么，拿起手机就一直在刷，关上手机却不知道自己这一天到底都干了些什么，所以他们会一直忧虑自己到底在做什么，自己到底想要做什么。

人生到了这个阶段，张俊从来没觉得有这么艰难。大学毕业之后，学习室内设计专业的张俊进入了一家工作室，从设计助理开始做起。他自认为自己还算勤奋，但是却频频得不到老板的认可。张俊自己的设计风格太过独特，虽然是好的设计，但是有很多地方都得不到大众的认可，所以老板总是会把他的设计方案打回去。

在一次重要客户设计提案会上，张俊终于忍无可忍跟老板发生了争吵，整个争吵越闹越凶，最终以张俊离职落幕。但是此时的坏运气显然还没结束，相处了好几年的女朋友早就因为他的工作和坚持自我不肯改变的态度对他产生了不满，因此此次离职也终于点燃了两人之间的导火索，女朋友也忍无可忍提出了分手。

两人相处了7年了，从大学到现在所有的回忆都在张俊的脑海中一幕又一幕地闪过，他的心里觉得难受极了。每天都不知道在干什么，这样的状态持续了很长一段时间，他无法走出来，也没有心情重新找工作。

这个时候，张俊的一个好朋友找到他，希望张俊能够给自己的新房进行装修设计，但是张俊此时并没有心情。禁不住好朋友的再三要求，张俊当晚就开始根据房子的基本情况进行设计初稿的构思。3个小时过去了，张俊终于完成了粗略的构思，而张俊也发现在这3个小时里他的心里是如此的安静。他突然间明白只有让自己忙碌起来才会忘记那些不值得一提的烦恼。在做好朋友的这次设计之后，张俊开始重新找工作，找一个能接受自己设计风格的公司。从那之后张俊的生活开始充实起来，重新走上了正轨。

每个人都会遇到一些艰难和一些必须要经历的挫折。这个时候的生活需要忙碌来充实，你才不会因此而思考那些让你更加忧愁的事情。张俊在事业爱情双重打击的情况下，用新的工作热情来让自己忘记曾经的痛苦，事实证明他也做到了，最终也发现其实当时的情况并没有这么悲观。

卡耐基说：“要改掉你忧虑的习惯，第一条规则就是，让自己不停地忙着。”忧虑的人一定要让自己沉浸在工作里，否则只能在绝望中挣扎。当你找不到内心的平静，你就去图书馆和实验室里看一看，那里的人都在忙着自己的事情，甚至连你的到来可能都觉察不到。在这样的氛围之下，相信你也可以沉下心来，找到属于自己的一片世界。

不要为不必要的人生气

细想一下，生活中我们经常会说“气死我了，这人怎么这样”类似这种抱怨的话。可是想一想，因为别人的不礼貌来惩罚自己原本很美丽的心情，其实是一件很不划算的事情。在这个世界上，不公平的事情还有很多，也许我们每天都会遇到，如果每遇到一次我们都气冲冲地抱怨，而一生气就是好一段时间，那么我们每天的生活可能都会被这样的阴郁笼罩。

小时候经常听到大人们讲《莫生气》的口诀，而那个时候的我们也只是觉得很好玩才会整天挂在嘴边，但是却从来都不了解这篇小诗的意义，等到渐渐长大才明白那些话的意义。我们不能为了生活中的一点小事就生气，也坚决不能用别人的错误来惩罚自己。不礼貌的人带着自己口舌之快已经远去，而我们还要抱着他给我们带来的伤害愤愤不平，从某种程度上来说，我们只是在伤害自己。

刚刚毕业进入现在这家公司工作的程山在工作上一直都很努力，来自家庭的负担逼迫着他要不停地努力才能给自己和父母更好的生活和更踏实的未来。因此，每天公司第一个到岗的人总是程山，最后一个离岗的人也是他，就这样不停地努力着，程山也取得了不错的成绩。

程山得到了公司的嘉奖之后，开始有人在背后议论纷纷，更有喜欢找碴的人直接讲他抢了那些老员工的风头。尽管程山一直在努力避开他们，但是他们对程山的诋毁声也越来越响。甚至开始有人明摆着刁难他。当他进入办公室的时候，总会感觉到之前很欢乐的氛围突然之间变得安静下来，也总感觉有好多人在他的背后对他说三道四，这让程山的心里很是不舒服。

有一天，程山去茶水间喝水，端着满杯的水跟一个高大的人撞了满怀，而且程山很明显地感觉到对方在撞自己，自己倒在地上、茶水浇了满身的他迎来的还是对方的一顿呵斥。程山也已经忍无可忍，于是跟对方打了起来。虽然最后被同时劝和，但是程山心中依然觉得很委屈，觉得自己做什么事情都很不顺畅。

最终承受不住心情压抑的程山选择了离开了这家公司。后来程山每每提到这件事情的时候，都会自责，如果当时的自己不这么莽撞就好了。自己已经受到了伤害还用那这么沉重的心理压力来惩罚自己，最终离开了那家让自己成长的公司。

大部分人的不快乐都是因为别人掌控了他的心情，别人的一些作为让他觉得内心受到伤害，所以他也只是用别人的错误来惩罚自己。但是其实反过来想一想，你生气能够惩罚到那些让你不开心的人吗，能够让自己觉得更开心吗？到最后还是自己损失得最多。如果当初程山能够控制自己的冲动，不受别人的影响，那么现在的他也许会在自己的职业道路上越走越远。

在生活中没有一个人能够控制别人的情绪，你能控制的只有你自己，而宽恕别人也需要你的大度，在原谅别人的同时，你会发现自己的内心也得到了解放，心情也更加自由。生活是多么的美好，不要让别人的没教养绑架了你现在的好心情。

第9章 孤独或许会让你绝望消极——但你必须强大，必须坚守

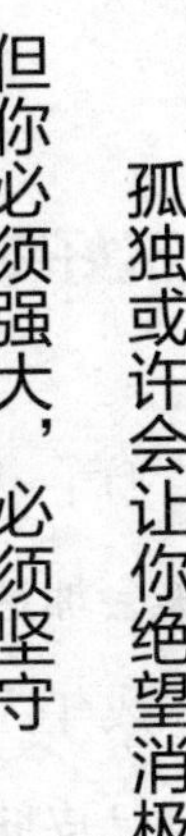

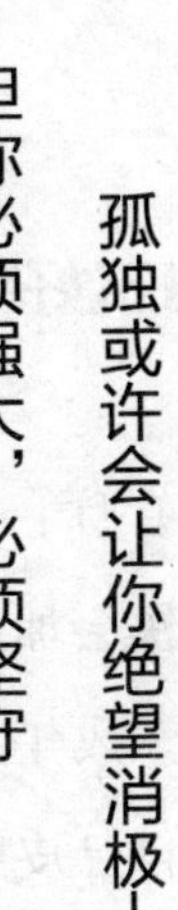

很多人在面对生命中的黑暗时光总是一副消极没有斗志的模样，消极可以，绝望也可以，但是你不能让它打倒你，你可以给你自己几天的时间来浪费你的人生，但是你不能一直沉浸在那种让你痛苦的情绪之中，它不只会消磨你的毅力，还会侵蚀你的生活，会让你不再开朗，不再欢笑，那么你的人生该是多么的无趣。

让自己强大起来吧，你可以给自己一点时间，但是痛苦之后，你必须让自己变得更加强大，生命的帆永远掌握在自己的手中，有些人可以帮你指明方向，但是去哪里、怎样去永远都是你自己的决定。

心态不好就有可能会生病

俗语有称：人吃五谷，怎么可能不生病。现在城市生活的节奏加快会加速身体的劳累，再不好好照顾自己的身体就很容易生病。成年人的夜生活都是丰富多彩的，每天晚上熬到半夜，觉得自己皮肤差了敷着面膜都要到凌晨才睡觉，养生这个词才真正走到现在年轻人的生活中，保温杯里泡着枸杞，每天吃各种保养品，但是依旧阻止不了他们每天晚上烧烤、火锅，并且冷饮甜食不离手。

生病除了自己生活习惯不好和自己身体的抵抗力不够强大之外的原因就是——心态不够稳定。现在的年轻人确实承受了很大的生活压力，除了要过好自己的生活，他们还心怀自己的梦想，肩负着家庭的责任。但是，生活的道路怎能不经历风雨，总会遇到挫折阻挠你的梦想，扰乱你的心灵，心态的转变和崩溃往往会导致你身体出现问题。

每个人都很珍惜自己的身体，也会在不舒服的时候变得紧张兮兮的，刘苏川的工作压力特别大，在这样的重压之下，自己的身体难免会出现问题。刘苏川每次去医院都特别紧张，所以总要找人陪伴，因为她自己一个人会在等待中胡思乱想。虽然她也不知道自己到底出现了什么情况，但是总以为自己得了不治之症。因为刘苏川平时不喜欢锻炼身体，每到自己身体出现问题都特别后悔自己之前没有做运动，但是病好了之后就又抛之脑后。

最近刘苏川觉得自己经常头疼，一开始她自己并没有在意，但是随着越来越疼，她开始担忧自己是不是脑子里长了什么东西。在不安中度过了好几天，她去了一趟医院。医生告诉她说："你这就是日常压力太大，自己的抵抗力也比较差所导致的，并没有什么太大的问题，只要调整好自己的心态，吃点药，平时注意多锻炼就行了。但是如果你还是这样处于精神紧绷状态，那么你就有可能会引起其他的症状了，比如心脑血管方面，肠胃等消化系统方面，所以，最重要的就是摆正心态。"

刘苏川也找到了自己问题的关键，她开始主动调节自己的精神压力，也对运动抱有更强的使命感，为了自己的身体，主动走出家门，而她的身体也开始变得更加健康。

每个人都惧怕死亡，当自己的身体开始出现一点点小问题的时候就开始像刘苏川一样幻想对抗病魔的一出大戏，但其实最终也不过是一些平时常见的小病，吃些药又生龙活虎地继续熬夜。每个人生病的时候都会告诉自己等病好了之后一定要好好锻炼身体，但是等到病好了之后就会把之前给自己定下的目标抛之脑后。每件事情都有预防的方法，你所能做的就是找到自己的方法，当你能够提前安排好自己的所有事情的时候，你就不用再为是否出现问题而变得紧张。

成年人的世界都是强忍着崩溃，做好的工作仅仅因为一个小小的错误就被领导劈头盖脸地臭骂一顿，明明自己已经尽了最大的努力却依旧还在原来的职位原地踏步，身边的朋友同学都已经打拼出自己的一片天地，只有自己还是普通平庸、碌碌无为，在心态失衡的那一瞬间，病毒和疾病也许就会找上你。

所以，只要自己努力了就不要让自己承受过重的心理压力，当你真的觉得自己花费了很长的时间和精力的时候，你只要思考这件事情自己有没有尽最大的努力，经过这一次哪里是需要改进的地方，抓住自己的不足再进行总结和改正，这就是经历这件事的意义。

笑容永远是这个世界最温暖的表情

都说爱笑的女孩运气都不会太差，笑容代表着每一个人此时的心理状态，而看见上扬的嘴角总会让人觉得更加平易近人，所以通常这种人身边都会有更多的朋友，因为笑容往往是治愈这个不开心世界的良药，在他的身边，你总是会感觉得到这个世界的阳光，不管多么难走的路，平静一下心情重新上路，就不至于迷失方向。

当你第一次见到一个人，他笑容满面地跟你自我介绍，不管跟你讲什么都是激情满满，当你在讲话的时候总是微笑着望着你的眼睛静静聆听，你就会觉得他是一个很好相处的人。当然有的人跟你的初次见面冷冷淡淡，没有过多的言语交谈和眼神交流，他的高冷一直都在告诉你请勿打扰，也许他天生喜欢安静，也许他就是不太会跟人交流，但是这种情况下将会更加让人觉得不好相处。

大学刚毕业进入公司的陈苗苗对这一切都觉得很陌生，陌生的工作环境，陌生的同事，还有陌生的生活方式都让她觉得很难适应。由于刚接触实战类的工作内容，陈苗苗一直在努力学习，但是也难免会出现错误。在这样焦虑的情绪之下，陈苗苗就更容易出现错误。

在公司刚过试用期的陈苗苗开始觉得自己的状态并不是很好，在自己拿到上个月工资的情况下，陈苗苗更加失望了，由于自己的绩效总是做得不够好，所以薪资水平也达不到自己理想的要求，于是陈苗苗决定，做完现在正在做的这个项目还是不能得到肯定就离职。也许自己应该从更适合自己的阶段开始做起，强行给自己施加的压力也真的是让人很压抑。

因此，对这个项目，陈苗苗付出了自己最大的精力，她不停地找资料，也在整个修改过程中加入了很多自己新奇的想法，她想既然是自己最后一次做项目了，那就勇敢地把那些更加离奇的想法表达进去。

等到项目提案的那一天，陈苗苗还是很紧张，因为她不知道自己这次的努力能不能得到认同，尽管她已经检查了很多遍了但还是担心自己会出现一些小问题。同事朱敏看出了她的紧张，微笑着对她说："我看了你的策划案，真的很棒，那些新奇大胆的创意领导一定喜欢，不要担心，深呼吸，只要陈述出你的想法就可以了。"

看到了这个笑容，听到了朱敏的肯定，陈苗苗突然间觉得自己放松了下来，她就像自己在家里给自己展示讲解一样，张弛有度。在陈苗苗的发言刚结束的那一霎那，整个会议室响起了热烈的掌声，大家都在为她喝彩，而此次项目也得到了领导的肯定。陈苗苗好像找到了自己之前的差距，她开始明白，面对每一次的工作，都要拼尽全力才能给自己一个更好的交代，所以她决定继续留在公司迎接之后的每一个更加艰难的挑战。

那个笑容带给了陈苗苗鼓励，也给了陈苗苗信心，虽然她不是陈苗苗成功的关键，但也给陈苗苗的心里带来了安定，给她的成功带来了更大的助力。所以，不管在生活中还是工作中都不要吝啬你的微笑，也许你只是做出一个温柔的回应，但是对别人来说就是改变命运的重要转折点。

对自己微笑，你可以更加温柔地对待这个世界。当然不管是对身边的朋友还是对待擦肩而过的陌生人，微笑都是一种善意的礼貌，而这样的礼貌也将成为你人生的明信片，透过凛冽的寒风给予这个世界更多的温暖。

选择多了并不一定是一件好事，坚持本心才最重要

人的一生会遇到无数个选择，即使你现在有了自己坚定地想要实现的目标，但是千变万化的未来会给你带来全新的想法，你会想着自己到底要不要改变。很多人坚持一件事情很多年总觉得自己能够到达自己想要的港湾，但是坚持了很长一段时间却觉得没有丝毫改变，这个时候想改变却又不想放弃这么长时间的坚持，但是换个思路，已经坚持了这么久，也许再坚持一点点就能看到变化了呢。

现在的很多年轻人都会面临选择恐惧症的难题。不管是生活中买东西一样的小事，还是关乎于人生选择的大事，都会让人陷入无穷无尽的思虑和选择之中，你总是会想着这件事情会给你带来什么变化，那个选择能不能让自己的职业道路更加顺畅，你总是在选择，生活中的变化也会给你带来新的想法，但是你要坚持自己最原本的初心，才能守住自己的梦想。

工作状态会影响一个人的心态和想法，也许这就是一个逐渐变化的过程。毛婷婷在现在的行政类岗位工作了已经有两年了，她自己也曾经思考过现在的工作状态是需要改变的，因为现在的职位可替代性太强了，她没有办法找到工作的成就感和在公司的归属感，她的内心也希望做出改变。她自己以后希望往运营方向发展，因此已经开始准备接触运营类的工作，并且

希望自己能够得到类似的工作机会。

由于公司的一次重大内部调整，在这段时间部门之间的流动性会相对变大，毛婷婷开始思考自己往运营相关类的工作靠近，其中有一个运营专员的职位就相对来说比较合适。但是在跟同事沟通的过程中还有一个跟之前完全不同的设计助理的岗位也需要找人，这个岗位的专业性更强一点，以后的职业发展也会不错，而且目前的薪资跟运营专员相比更加丰厚，因此毛婷婷开始陷入了思考当中。

她不知道自己到底应该选择哪一个，所以四处询问别人的意见，但是别人的意见也终归是别人的，自己的事情还是只能由自己做主。毛婷婷开始分析自己对这两个职位所有的理解和所有的可能性，最终为了让自己能够提高薪资她选择了设计助理的岗位。

加入到这个团队之后，毛婷婷也确实比之前更加充实，因为都是自己之前没有接触过的知识，所以她需要花费大量的时间来深入学习，而跟经理和客户之间的沟通变得更加频繁，有时候会因为他们无理的需求气到说不出话来，修改多次之后依旧得不到认可。她开始反思自己到底适不适合现在这个职位，开始后悔当初没有根据自己的职业规划选择那份运营专员的工作，最终，毛婷婷的心情变得抑郁，最后离开了这个奋斗过的岗位，重新回到自己原本定下的方向继续努力着。中间虽然浪费了一些时间，但是又回到最初的起点依旧会让她觉得心安。

其实，有时候选择多了也不见得是一件好事，它会更扰乱你的心神，让你想的更多，当你开始忧虑过多的时候，也就耗费了你很多的时间和精力，还不如专注做一件事情更让人有成就感。如果当时毛婷婷选择的是运营专员的那个岗位，凭借她的努力应该也已经取得了不错的成绩。

你不能只看到眼前的选择和眼前的利益，你应该想到的是更加长远的未来和自己最原始的初心，坚定会让你的道路走得更加专注，而长远的思维会让你走向更好的远方。没有人可以抓住你的心，除非你知道你自己的心在哪里，找到最初的方向就不要再做改变，也许瞎折腾只会浪费你的生命力，最终还是要沿着最初的方向继续奔跑。

用平静的心情处理生活中的每一件事

生活中有很多不满意的事情发生，没有人可以阻挡烦恼的发生，从我们出生的那一刻起，就开始不停地面对生活的挑战和选择，我们总是希望自己能够做得更好，但是总会有一些意外和不顺随时发生，当我们受到不同方面的打击的时候总会产生自我怀疑的心情，但越是这样的时刻，就越应该维持自己的心态，走到自己最冷静的时刻，用一颗平常心来面对所有的挫折和不顺。

读书的时候我们希望自己能够更好地完成学业，期待每次考试都能拿到更好的名次；工作的时候，我们总希望能够在工作中找到自己的价值和存在感，也期待自己未来的职业生涯越来越好。但是这样会让自己变得更加不快乐，因为生命中的每一件事我们都不可能极其完美地完成。对于即将面对的事情，不要抱着必胜的心态，那样会更加轻松一点。

心情总会影响一个人的状态，不管是工作时的状态，还是私人生活中的状态。陈晓宁自从参加工作以来就处于焦躁的状态，他是一个安静的人，不善于与人沟通，但是大学毕业之后的陈晓宁想要克服自己的心理障碍，他知道与人沟通在整个人生之中都是一件特别重要的事情，所以他选择了少儿教育机构课程顾问的工作。

在这份工作岗位上，需要一定的课程结构知识还要有超强的沟通能力，需要跟家长进行讲解，把课程特色全部表达清楚，这样才能有足够的吸引力让家长为他们的孩子购买相应的课程。在这个岗位上工作了已经3个月了，陈晓宁的知识储备和销售技巧都已经很熟练了，但是他依旧还是没有完成过一单，每次在沟通的时候总会或大或小地出现一点问题。除了工作压力给他的打击，陈晓宁更多的是对自己的否定，这让他的精神异常紧张，也导致每次去谈判会带着更加不自信的态度。

陈晓宁的经理看出了他的不对劲，在一天下班后带他去吃了一顿饭，并跟他讲："其实对做销售的而言沟通技巧并不是全部，我知道你有点内向，但是最重要的是真诚，你要从家长的角度考虑他们孩子的实际情况，并且跟他们推荐适合他们孩子的课程，那么他们一定会被你打动，你现在的情绪太紧张了，你休息几天再回来上班吧，调整好自己的心态，你一定可以做得很好的。”

陈晓宁便收拾行囊回了老家，在家乡的山和水中找到那个最放松的自己。他跟着父母一起去田边劳作，吃着从小到大最熟悉也最令人想念的妈妈做的饭菜，看着远方的夕阳渐渐地沉下去，抬头仰望城市里看不到的满天星光璀璨，一切都让人觉得那么美好。三天之后，陈晓宁又返回了那个一度让他觉得窒息的地方，开始了自己职场的新征程。

人也总是在最轻松的状态中才能从容地把所有的事情做好，放松心态的陈晓宁带着经理的教导开始深入到工作中去，他渐渐地能够在跟家长的沟通中打开心扉，开始不带功利性地像朋友一样为他们的孩子考虑。渐渐地，陈晓宁开始做出一些成绩，那些家长在这之后也都愿意跟这个真诚的大男孩成为朋友。时间长了，陈晓宁已经变成一个外向又阳光的人，他的业绩也开始变得越来越好，而他也算是实现了自己这个阶段的一个小小的目标。

每个人精神紧张的时候就是最容易出现错误的时候，试想一下当你发现检票的时间已经到了，而你还在着急忙慌地找东西的时候是不是最容易丢东西？就像陈晓宁一样，其实他知道怎么做，但是在高度压力之下，他又不知道自己到底该怎么做，所学习的知识可能早就不知道跑到哪里去了。

心灵宁静平和才是消除所有困扰的灵丹妙药，当你的心足够宁静了，你就能迅速地调动自己所有的知识，找到解决问题的方法。当你觉得你的压力已经积压到一定程度了，不要否定自己存在的价值，试着放松心态，你也许会看到不一样的天空。

焦虑的时候一定不能作重要的决定

生存就是在社会这个大牢笼里寻找自己的自由。小的时候，我们总是想要到外面跟小伙伴们一起玩游戏，但是父母总是限制我们的自由，只有写完作业才能出去玩；等到读书了，老师家长都在告诉我们，虽然现在生活很辛苦，但是等考上大学之后就会自由了；等我们毕业了走上工作岗位之后，便进入到另一个压力重重的世界里。每个人的生活中都有自己的压力，但是当你陷入了极端的情绪之中就千万不要给自己作选择。

人生每一个选择的都是需要深思熟虑的，若是长期处在烦恼的情绪之中，人的精神往往会崩溃到极点，这个时候你是不理智的，所以若是有什么关乎自己人生命运的决定，一定要让自己情绪变得安稳下来再进行思考，这样才能好好理清事情的前因后果，再作出自己所认为的正确的选择，这也是对自己人生的负责。

高朗是一家大型服装企业的老板，他们公司的衣服在追求造型和舒适度的同时也以高品质在当地服装界占据了一席之地。工作上的高朗是一个一丝不苟的人，但是生活中的高朗却因为工作繁忙的原因一直缺席了太多的生活，给予家人的陪伴也少之又少，所以高朗跟妻子的关系变得越来越冷淡。

一天，高朗正在办公室处理自己的工作，突然接到工厂的电话说：他们这一季的新品服装布料出了问题，一些有颜色的布料严重掉色，根本无法进行服装的大批量生产，但是衣服却已经做出去大半了，这就意味着他们徒劳无功，所有的订单都已经签好了，不能及时交货已成定局，公司只能对他们进行巨额赔偿。

高朗拿出公司所有的账上可以支取的资金，但也只是杯水车薪。家庭也在这个时候出现了问题，妻子已经对自己完全没有感情，但是夫妻一场，妻子也明白他现在的处境，没有要任何经济上的补偿，只要孩子的抚养权。这段时间里，高朗的情绪低落极了，于是他作了一个大胆的决定，借了高利贷公司的巨额借款。但是，公司已经出现了问题，已经没有能力再接一些大项目，所以高朗对这笔高利贷的钱依旧无力偿还，最终他只能选择卖掉现在的公司来还贷。而高朗也为自己当初错误的决定付出了代价，不仅失去了自己多年的心血，没还清的债务依旧是压在身上令人无法呼吸。

精神高度紧绷的人总是会在思考上有很大的偏差，在这种高压的情况下就会失去心底的防线，更有甚者会失去自己的道德底线，高朗若是能够稳定自己的情绪再作出决定，也许他就不会选择高利贷这种高风险的资金来源，让自己从一个死局走进另一个更大的死局，最终毁掉了自己积累多年的心血。

每个人都在为自己的生存和事业奔波着，也没有人希望自己一直处在一个消极焦虑的情绪之中。但是，坚守在自己工作岗位上的每一个人应该或多或少都有些许焦虑，当你发现自己可能出现烦恼焦虑的症状，一定要接受它并且积极地寻找适当的方法去排解心中的苦闷，这样才能更好地掌控自己的情绪，确保自己作出的每一个决定都不会后悔。当然，如果你觉得自己症状比较严重，也不要觉得自己跟别人有什么不同，积极去看心理医生将会对你有更大的帮助。

正确地掌控自己的情绪，做一个高情商的人

在现在这个繁重的工作氛围下，合理处理自己跟同事之间的工作关系也是一件特别重要的事情，因此在很多情况下，你都会听到情商这个词语。人们都喜欢跟高情商的人相处，但是

生活中高情商的人总是没有那么多，大部分人在人际关系的处理上都做不到最好，因此也会给人留下不好的印象，而那些高情商的人不管在跟领导和同事的相处上都能处理得恰到好处，所以只要能力比较突出就会很容易被注意到。

精神压力的增大会让很多人在生活中产生很多不好的情绪，但是有些人就能忍住自己不好的坏脾气，有些人的情绪就是说来就来。都说低等人都会放纵自己的情绪，而高等人总能掌握自己的脾气，当你能自如地把握自己脾气的开关，你就能够受到很多人的赞赏。

情商高的人总会让人觉得跟他相处的时候很舒服，他会照顾所有人的情绪，也会给予大家所需要的帮助，但是时刻关心别人并不是放低自己取悦别人，而是在自己强大的内心下，自然而然地想要身边的人都能够更加自在。能够用自己的高情商去体谅所有人的人也一定是一个内心很强大的人。

企业中各部门之间的沟通总是必不可少的，做好各部门的相互合作也是提高工作效率的一种方法。陈香莲在公司的企划部已经任职两年了，有一次公司做了一个嘉奖主题的晚会。为了给那些一线销售团队的精英带来更多的鼓励，陈香莲找人事绩效部的人确定获奖名单。刚巧人事部的刘慧当天心情不是很好，虽然陈香莲也知道她一直是一个脾气很炸的人，但是还是抱着解决问题的态度去找她，结果刘慧态度敷衍地说：“这个事情不是我负责，你只能去找财务部，还没有出财务数据不能确定本月的盈亏。”陈香莲便打电话去财务说：“刘慧说这个数据需要找你们提供一下。”刘慧当即就火大了，气汹汹地说：“你怎么能说这个事情是我说的呢，搞得跟我在给他们发号施令似的。”就这样两个人吵了起来。

情绪冲动的人往往最容易跟人产生冲突，虽然陈香莲并不是想跟刘慧吵架，但是确实也存在说话不当的因素，在刘慧情绪的鼓动下，陈香莲还是没有压抑自己的情绪，最终导致冲突的发生。倘若两个人有一个人能够控制自己的情绪，那么她们都能够避免冲突。

当你遇到负面情绪的时候，一定不要跟别人商议重要的事情，如果你觉得自己的情绪已经达到了临界点，那么你应该找一个安静的地方让自己冷静下来，你可以找一件自己喜欢做的事情转移一下注意力，或者深呼吸调节自己的心情。你还需要找到自己的情绪图表，在自己容易情绪崩溃的时候就尽量避免跟其他人过多地讨论。

克制情绪从来都不是靠忍的，是需要你去花费大量的时间和精力学习的，一味地忍让只会让自己的负面情绪越积越多，而学习到控制情绪的方法你就可以自如地面对人生无数的风浪，顺利地解决所有的烦恼。

自信将会让你成为更加强大的自己

自信是一个人最美丽的外衣，当面对生活中的挑战，自信的你总能收到更多注意的目光，因为，当你在展现自我的时候，自信会让你整个人都闪闪发光，在自己的舞台上成为焦点是你这一生都要做的功课，自信会让娇小的你看起来更加强大。

有自信就要有实力，如果连做一件事情的底气都没有，那么你的自信也只能是虚假的伪装。当人的体力消耗已经接近到极限的时候，身体会达到一种极致的兴奋感，这种兴奋感和积极性会促使你走到最终的目标，紧绷的神经有助于你身体最大程度地发挥，直到达到身体的极限。当你完成你的目标，身体中撑着的那口气会感觉突然间消失，当你整个人松弛下来的时候会觉得异常的疲惫。就像跑马拉松的你已经觉得很累了，但是在冲刺的时候还是拿出自己的最后一丝气力，在心中告诉自己一定可以到达最后的终点，而抵达终点的时候就像抽空了灵魂一样躺在地上。

自信还需要你拥有更加广阔的视野，当一个人可以以一种全局的眼光俯瞰整个问题，那么你应该会以更加细腻和敏感的思维去寻找解决问题的办法，这都将是你解决问题的想法和路径，而这个时候的你也确实要比很多人都要优秀，都要强大。

自信还要有拼尽全力的勇气，做任何事情都要随时拿出身上所有的力气，每个人在自己的岗位都有自己的职责，在关键的时刻能够显示出更加强大的工作实力确实是一件令人敬佩的事情吧。

你尝试过拼尽全力的感觉吗？你知道拼尽全力能够给自己带来什么吗？

劳动者往往承受着身体上的极限，当一个没有接触过大量体力劳动的人开始劳作时，半个小时应该就会让他们坚持不住，但是那些常年劳作的人却是每天都在重复同样的工作，并且每次工作都是连续几个小时，在这种体力透支的情况下你往往会理解什么是身体极限，那个状态就是尽全力的感觉。

无论是在炎热的夏日还是寒冷的冬季，大街小巷都能看到身穿制服的快递小哥和外卖员。身体上的劳累并不能压垮他们对生活的热情。即使是瓢泼大雨，外卖小哥最忙的时候，他们依然需要按时把外卖交到客户的手中，虽然全身都淋湿了，但是在那一刻他们为自己的工作，也为自己的努力积蓄体力。他们都在拼尽全力，而你有什么理由不为自己的生活努力一把呢？

每个人在一开始或许都觉得自己不够优秀，但是谁也不是天生就是优秀的人，每个人最后的成绩都是靠着自己的努力得来的。而每个人也并不是一直都这样自信，当你觉得在某一个领域已经占据了比较重要的分量，这种自信就是由内而外散发出来的气质。

努力是一个人的名片，而自信就是那张名片上最惹人注目的一道风景线，它将决定你人生的高度。但是人生就是不停地从一个高度挑战到另一个高度，没有人可以阻挡你的脚步，除非你已经不想再往前走。

积极开朗的形象也许是你职业生涯的敲门砖

都说人不可貌相，但是长相却能够真实反映出一个人的状态。当我们看到一个人的时候，第一印象总会让我们对这个人的看法产生长久的影响，先入为主的想法也会让人做出不符合实际情况的决定，所以一个人的形象还是很重要的，不管是在工作岗位上还是在社交之中，积极阳光的形象总会给你带来不一样的惊喜。

也许一个人的长相上是积极向上的，但是他的内心总是处于很低落的情绪之中。只要生活中有一点不如意就会点燃他悲观的小宇宙，身边的每个朋友都能感受到他身上的那股愤世嫉俗。这种情绪之下大概没有多少人会想要接近他，因为人的情绪会潜移默化地影响到别人，长时间跟情绪容易低落的人待在一起，自己的生活也有可能会变得更加多愁善感。

职场上的任何一个小细节都能反映出一个人的能力，当你能够做到完美的自己的时候，就代表着你已经足够老练了，而最开始一个积极向上的形象会给你的职场之路一个更好的起点。程小北跟陈怡一起入职现在的公司做人事专员，两人来自不同的学校，都是学习人力资源出身，只是两个人的形象有些许的差异。程小北就是一个开朗活泼的姑娘，精致可爱的妆容让人一看就觉得很有感染力，而陈怡是一个很内敛但是却很踏实的姑娘，面试的时候只要讲到专业上的知识，她总是能够讲出自己独特的观点，尽管形象上没有那么优秀，但是公司还是想要培养一下她，希望她以后能做出一个好成绩。

人事工作其实就是一家公司的夹层，除了过硬的专业知识，还需要良好的沟通能力和积极的工作态度才能沟通好上级和政策实施对象的关系。程小北是一个开朗的姑娘，她总是能把公司的观点婉转地转达给下面的员工，当员工有什么疑问或者一些反对的声音，她总能站在对方的角度来考虑问题，每次解答都面带微笑地讲述政策的合理性，即使他们再不想适应也会劝服他们适应一段时间，有什么问题再进行及时的反馈。程小北也由此受到了大部分人的喜爱，跟每位员工都能成为朋友。

而陈怡就不同了，良好的形象其实也是对人的一种礼貌，而陈怡每天都穿得特别随性，给人一种邋里邋遢的感觉，关键是情绪上特别不稳定，当有新政策的时候她总是带着厌烦的态度去跟你解答，这让很多员工心里都挺不舒服的，所以大家尽量对她敬而远之。

一段时间过后，陈怡由于自己每次绩效都达不到，工资太低、工作压力太大就离职了。而程小北却依旧坚守在自己的工作岗位上，相反她觉得这份公作能够给她带来更大的成就感，而她也在自己的不断努力当中成为了公司人事部的负责人。

良好的形象不只可以给别人带来更好的印象，也会给你自己带来更好的心情。每次的负面情绪都要自己消化，工作中没有人有义务理解你的难处，大家的工作都很忙，也没有人愿意成为你的知心大姐为你排忧解难。学会自己排解烦恼，让自己变得开朗，至少使工作中的自己更加积极向上，再加上不懈的努力，你就会成为大家眼中的强者。

初次见面的时候，没有人能够看到你内在的价值，长期的相处之中也没有人会接受一个负面情绪满满的人，你要学会用自己最佳的职业形象来吸引别人的目光，也要会用自己热情积极的态度去感染别人，把自己的实力最大范围、最快速地表现出来，你就一定可以走出一番自己的天地。

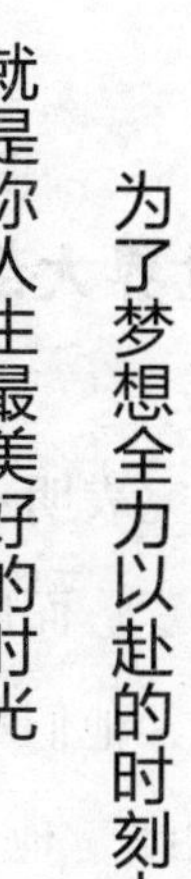

第10章 为了梦想全力以赴的时刻——就是你人生最美好的时光

还记得你上次为了某一个目标而用尽全力吗？还记得那时候自己激情满满的样子吗？还记得即使熬夜也依旧斗志昂扬的情绪吗？你对你自己现在的生活状态满意吗？你有多久没有再为自己拼搏一次了呢？

人生最美好、最让人印象深刻的时光不是你吃好吃的食物、去遥远的地方的时光，而是那段为了自己的梦想没日没夜地给自己充电，无论遇到多少次失败都能重头再来的黑暗时光，正是它的黑暗才让光明到来得如此耀眼！为了梦想一直在坚持不懈地努力永远是你最美丽的模样！

这世界大部分人都过着不如意的生活

有研究表明：这个世界上99%的人都对自己目前的生活状态不太满意。而所有的人即使过着自己不喜欢的生活却依旧还在挣扎着，他们尽力做好自己的工作，依旧希望有一天能够做出一番成绩，他们很努力地丰富自己的生活，坚持自己的爱好，尽量让这一个个平凡的时刻更加地充实丰盈。但是为什么他们不喜欢这样的生活却还这么努力地生活呢？

有人说当自己的爱好真正变成了工作之后，会慢慢开始对自己的爱好越来越失望。因为当自己的爱好职业化时候，原来享受的事情就会变成一个让人苦恼的事情。很喜欢画画的你如愿成为了一名漫画家，然而你每次交出的作品总是得不到领导的认可，即使偏离了自己当初想要表达的方向，但是你依旧得耐着性子一遍又一遍地改；你做了很久的广告设计方案，可是领导还是觉得不满意，连续长时间的加班改稿已经让你很是疲倦，但是你还是要不断寻找更好的创意。

每个人的故事并不是都从自己喜欢的事情而开始的，而那些不开心的记忆和奋斗的痕迹往往才能决定一个人的生命轨迹。徐静从小就喜欢读书，也喜欢写写东西记录自己的心情，表达自己对读到文字的见解和感受，就这样坚持了好多年。她尤其喜欢读小说类的书籍，各类叙事情节的小说占据了她读书内容的大部分，当徐静对一篇小说评价很高的时候，这本书一般都能够得到很多读者的追捧。虽然这个爱好并不被老师和父母看好，但是这并不能浇灭她心中的热情。

大学时期，因为课业并不是很繁重，徐静的很多时间都空了出来，她的好朋友开始建议徐静写出自己的小说。徐静从小到大看过很多的网文，对这类题材也十分敏锐，而且市场对这种类型的文章需求量很高，所以徐静听从了好朋友的建议开始构思自己的第一篇小说，在完成自己的学习任务的情况下，徐静开始进行整体文章的写作并且在网络上进行连载。

徐静整本书全部都写完的时候，出乎意料地受到了很多网友的喜欢，徐静自己都没有想到，但是看到有很多人喜欢自己的故事徐静心里还是觉得很开心，这也在内心给她继续写作的信心。这个时候开始有出版社的编辑找徐静签约，在编辑的帮助下，徐静的写作事业越来越好。编辑想要的内容都是徐静刚开始的言情类，但是徐静不想再写那种比较空虚的文字，她想写一部科幻类型的长篇故事，然而徐静只能偷偷地写，并在自己的某一个匿名的社交平台上连载。因为自己想写的内容不能出版，所以徐静还是按照编辑的要求写网络小说。

徐静的文字写得越来越熟练，自己想写的那部科幻小说也已经全部完结，并且受到了广大网友的追捧，在这个不用依附于编辑的时候，徐静跟出版社提出离职，她想写自己想写的文字，并且要靠着自己的实力实现自己心中所想。

这个世界上并没有多少人按照自己心中所想过着生活，在生存都是一个问题的情况下，梦想就只是放在心中的向往。当你已经积攒到足够的实力，就可以跟着自己的梦想展翅高飞。徐静不正是在为自己暗暗发力，才能摆脱生存的束缚追求到自己最热爱的事业。

这个世界总会有这样那样的烦恼阻挡着你的脚步，然而你不能放弃自己的梦想，当你已经忘记自己想要什么的时候，才是人生最黑暗的时候，这个世界都在反对你的追求，只有你还坚信自己一定能闯出一片天空，这才是人生奋斗的意义。

走出舒适区才能重新走上人生的高峰

每个人的成功都不是偶然的，都是经过自己不懈的努力得来的，不知道熬过了多少个日日夜夜，也不知道自己从头开始了多少次才能走到今天的位置和高度。但是只要你认认真真地努力了，那么成功就一定会如约而至，至于早晚，也只是时间的问题。你不要着急，也许有人就是熬不下去那段时光，放弃了之后也更难有重新开始的勇气。

很多人其实一开始也很努力，他们给自己制订周密的计划，每天都能够准时准点保质保量地完成，但是成功并不是这么唾手可得，当他们坚持到自己觉得已经没有希望的时候，在心里就已经开始放弃了。于是，他们开始放弃自己已经坚持了很久的计划，目标已经没有什么吸引力了，每天自由自在地打游戏，饿了就叫外卖，困了就睡觉，生活很惬意也不会受到别人的干扰。但是一旦陷入了这样的舒适区，你所做的选择不过是在放纵自己，虚度自己的宝贵年华，人生只不过是在加速毁灭而已。

每个人的一生可能都会有执念，当你越得不到的时候，你就会越觉得自己的人生是一个笑话。但是经过努力依旧没有任何效果的执念会更加让人产生消极的情绪。陈进从小就一直没有躲过别人的眼光，不管在哪个小团体里，陈进都是大家调侃的对象。胖这个事情是一直困扰着陈进的人生难题，所以陈进一直想着要减肥，也尝试过很多减肥的方法。

网络上各种各样的减肥方法陈进都会积极尝试，但是基本上都没有什么效果。后来陈进看到减肥药的广告，心动不已的他决定尝试一下，虽然也知道可能会有危险，但是还是决定要尝试。一段时间之后，陈进开始觉得自己肠胃不舒服，去医院检查之后才发现因为吃减肥药已经损害了他的肠胃功能。在这种情况下，陈进也开始认为自己减肥是不会成功的。他开始放弃了心中减肥的想法，回到了自己想吃就吃想睡就睡的情况，一旦自己的心绪放空下来之后，他就没有意志力再重新开始减肥，就这样持续到了大学毕业，走上了工作岗位。

在工作的第二年，陈进所在的公司组织所有员工进行体检，三高的结果引起了陈进重视，他还年轻，不能就这样放弃了自己的身体，一旦身体垮了拿什么都补不回来。他开始用健康的减肥方法，不为了体重的下降，只为了能拥有一个更加强健的身体。

他开始根据专业的指导意见，拉长战线从自己身体的角度出发，选择适合自己身体情况的运动强度，并且调整自己的饮食结构。戒掉原来喜欢吃的零食，推掉了所有的集体活动，开始给自己准备营养健康的一日三餐。就这样，不急求健身结果，只追求一个健康的生活方式，陈进觉得自己的身体开始变得轻盈，也觉得自己工作时的精神状态都发生了巨大的变化。而他也成为朋友身边的励志达人。

永远不要按照自己的心意得过且过地活着，那样舒适又荒废的生活会让你的人生都在糟糕的给予和自我怀疑中度过。就像陈进一样，由着自己的舒适一直过这种不健康的生活方式，总有一天会把自己的身体搞垮。当你决定走出自己的舒适区，你就已经赢在了起点，没有人可以阻挡自己的脚步，除了心中那份倦怠。

自律才能给人生带来最大程度上的自由。生命也是只有在规律的作息下才能更加生生不息，给自己的心灵带来充实的慰藉才能更加充实地面对接下来的生存挑战。

不管你想要做什么，从现在开始吧

种一棵树最好的时间段有两个，一个是十年前，另一个是现在。这个世界没有后悔药可以吃，你用来后悔的时间都可以重新给自己树立一个远大的目标了。有的人其实是有梦想有目标的人，他也知道自己到底需要做什么，但是到目前他还是没有为了梦想做出任何努力，尽管他的内心也觉得自己现在的状态是不对的，总结起来其实还是因为懒惰，而现在的他依旧活在自己的悔恨之中，只是他还不愿意走出自己的舒适区，用心中的悔恨给自己的懒惰披上一层外衣。

时光短暂，用来悔恨真的很是浪费。想要画画，那就赶紧拿起手中的画笔勾画出你心中的大千世界；想要学写作，那就花费足够的时间去看书去写字，描述心中所想，感叹世事无常；或者你想要学习一种乐器，那就不要耽误任何时间，从你决定的那一刻开始就着手去学，不管是什么时候都不算晚，最害怕的就是你在犹犹豫豫之中又浪费了大半时光。

有些路你没开始走的时候，你能想到的是它有多艰难，但是你不知道的是这条路走下去是有多么精彩。摩西奶奶是美国一位家喻户晓的老奶奶，也是最理智，最引人注目的原始派画家。年轻的时候，她就梦想着自己能够成为一个画家，但是艺术总是一个高消费的梦想，她身边所有的人都在劝她："你是一位农场出生的姑娘，你就应该找一个安安分分的小伙子，结婚生子过完这平凡的一生。”于是，摩西奶奶没有再坚持自己的梦想，而是像所有农场姑娘的生活轨迹一样平淡地生活着。

在摩西奶奶77岁的那一年，因为身体的原因她已经不再适合在农场里劳作，但是劳动了一生的摩西奶奶是个停不下来的人，她又想起了自己年轻的时 候的那个梦想。于是就去买来了画笔和颜料，开始自己最初的梦想。由于摩西奶奶年轻的时候刺绣手工做得很好，所以有很好的美学认知，画起画来也比别人更加顺手一点。

摩西奶奶最爱画的就是自己生活过的乡村美景，那些她曾经劳作过的地方都变成了她笔下最美的景象，在摩西奶奶101岁的时候，她在纽约市的一家艺术画廊举办了自己的个人画展，而此时摩西奶奶的画也开始变得深受大家欢迎，最高的时候可以卖到10万美元一幅。在摩西奶奶去世的时候，时任美国总统的肯尼迪表示痛心和惋惜，并称摩西奶奶为“最受美国人民爱戴的艺术家”。

生命从来都是为自己而活，不要在意别人的眼光，如果全盘接受生活中所有人给你的负面评价，那样该是一件多么痛苦的事情。所以不要在意别人对你的否定，也不要活在别人眼中的正常世界中，做自己才是最幸福的一件事。想做什么事情就抓紧时间放手去做，像摩西奶奶一样即使已经步入老年也依旧勇敢地开启自己人生的新篇章。

有些人一直都在坚持自己的梦想，也有些人在某一个行业已经做得很不错，但是依旧愿意放下光环去接受人生新的挑战。所以不要害怕自己的梦想开始得晚，当下就是梦想开始的最好的时候。当你回首往事能不为生命而遗憾那就是最完美的一生了。

决定努力的每一刻都是最好的时机

读书的时候是一个人获取知识的最佳时期，也是培养一个人性格的最佳时期。很多人在长大了之后都会后悔当初的自己为什么没有努力学习，没有认真地钻研那个时候就应该掌握的生存技能，也没有尽自己最大的努力培养一个好的学习习惯。总是会感慨说：要是当时的我好好读书就好了。

前一段时间在年轻人的身边有这样一个话题广泛地流传着，“当你一觉醒来，发现自己回到了刚进入大学校门的那一天，你会怎么做？”有的人说想跟当年那个没来得及告白的女生表达自己的心意，有人希望能够跟过去的自己握手言和，但是更多的人希望重新进入大学的自己能够好好学习，不必让将来的自己为了生存而四处察言观色，也为了让未来的自己能够拥有更多的选择和一个无可替代的未来。

公司在进行一系列的绩效改革，也许是如今经济不景气，公司想要间接裁员，牛欣的薪资水平跟之前相比大打折扣，于是，她准备重新找一份工作，离开这家任职了几年的公司。一个月的时间过去了，牛欣的新工作还是没有任何的进展，本来约她面试的人就不多，面试完看到别人回复，一次又一次的不合适让牛欣开始怀疑自己，工作也有好几年了难道自己真的一点工作实力都没有吗？

牛欣回想这几年的工作生活也确实是顺心顺意，虽然收入水平并没有很高，但是工作稳定，工作内容简单易操作，所以牛欣除了上班的时候认真完成自己的每项任务，下了班就跟同事一起出去逛逛，吃个晚饭，看个电影，没有人约的时候回到家就自己做做饭，看看剧，生活倒也清闲，结婚之后除了拥有了另一个人的陪伴也没有什么太大的变化。

时间再往前推移，大学的时候，牛欣选择了一个自己并不是很喜欢的专业，家境还算不错的她也没有想过以后的日子有什么需要发愁的，所以在学业上也从来并没有花费多少心思。每天更多的心思花费在社团活动上，周末跟室友一起逛逛街，四处游荡一下，节假日约上三五好友来一场说走就走的旅行。上课从来也没有用心听过，手机是一刻也不能离身，看看电视剧，刷刷微博都是她生活的乐趣。

但是，现如今，除去了经济上的压力，更多的是成年后的自我认同，一个没有竞争实力的人真的会变得越来越失去自我，而牛欣依赖目前的工作，没有任何挑战性也就意味着没有什么可以学习到的知识，所以现在的牛欣应该面临着最恐慌

的时刻，她开始觉得自己那些年的时光都在自己的玩闹中浪费了，她也开始后悔那个时候的自己目光短浅，没有为未来的自己多做打算。

生活总是会在你猝不及防的时候带来一记重击，而当你认清现实的时候也会发现自己其实是那么的不堪一击。如果牛欣在读书的时候就发现自己有一生想要追求的事业，并为此付出了自己不懈的努力，那么现如今她也许就不会陷入这样的困局之中，而是从现在起就有实力可以重新开始。

没有谁可以改变你的人生，除了你自己。当你经历了这个社会狠毒的敲打，你就会发现过去的自己简直生活得过于无忧无虑，懒惰，害怕吃苦，做任何一件稍微有点难度的事情都无法坚持到底。而就是这样放纵自己才导致如今对自己的不满意。你不仅是对自己的现状不满意，更是对自己没能成为更好的人而悔恨不已。但是当你决定开始做一件事情的时候就大胆地去做吧，不要再让以后的自己埋怨现在的你是多么的不努力。

用最乐观的心态去体验生命中所有的苦难

生活中的每个人都是当局者迷，所有处于负面情绪之中的人都只能看到自己所处的劣势环境，就是不能发现自己的长处。其实世界上总有许多人比你过得更加艰苦，而你也只能看见别人拥有的，当你低下头来细数一下你拥有的东西，就会发现其实你还是很幸运的，你有一份稳定的工作，有爱你的父母，还有一个想要一直努力的梦想。

其实人的欲望也真是奇怪，当一个人对某一样东西有执念的时候，他的目光就只会聚焦在自己没有的那个东西上，思想会进入一个死循环中，而整个人也处在一个自己制造的重压之中。苦难其实是每个人都需要经历的过程，当你看到别人工资不断上涨，职业规划在一点一点实现的时候，心中在默默地想凭什么的时候，你也就只看到了别人光鲜的那一刻，你有看到别人在背后付出了多少的努力吗？你知道别人为了做一个项目熬过了多少个日日夜夜，当别人为了谈下一笔交易醉倒在多少个饭局上吗？

不要轻易就给别人的进步打下问号，也许你也在自己一直闯荡的道路上奋斗着，也许是你有些着急了，也许只是时候未到，眼前的这些艰难困苦只是人生的一些考验，不要把它当成苦难来对待，只是当成一种生命体验，经历过自己就会成长的那种体验，也许心里就没有这么煎熬了。

很多人都羡慕那些只身环游世界的人，但是大家能看到的往往都是他们光鲜的一面。他们不用工作，每天就是在世界的各个角落里体验人生百态，满眼都是这个世界的色彩缤纷。但是谁又能想到在这样一个过程中他们经历了多少艰险和无奈的时刻。

孙萌萌从小就想着自己一定要环游世界。从她开始读大学的时候就开始积攒自己的生活费，做一名背包客来完成自己小时候的梦想，虽然去过很多的地方见识到了很多平时接触不到的东西，但是这个过程远比大家想象中的更加艰险。有一次在西藏，本来孙萌萌的身体状态就已经不太好了，再加上高原反应，直接晕倒在路边。同行的背包客立即把她送到附近的医院，经过两天的休养才渐渐地恢复到原来的状态。还有一次在国外一个人生地不熟的地方，孙萌萌一个人在一个小广场上四处转转，等到回到住的地方才发现自己的钱包被偷了，没有了护照和钱的孙萌萌当下就慌了，随后很快就恢复清醒的她先打电话给朋友给她转钱，并且抓紧时间向当地警察局报失，并去大使馆补办旅行证，回国之后才补办了自己的护照。像这样的意外，孙萌萌还遇到过很多次。

但是即使遇到了这么多的困难，孙萌萌还是像以前一样热爱旅行，因为相比旅程中遇到的困难来说，她得到的更多，也让自己的人生阅历更加充实。而在面对之后人生中的各种问题和曲折的时候。孙萌萌可以用更加沉着的心来处理这些复杂的问题。

没有人的人生可以平静得像一杯无味的白开水，也没有谁可以逃避掉生活中的苦难。你能做的就是当你面对困难的时候找到自己的初心，抓紧自己的目标，用自己的方法来找到自己人生的价值。

尽最大的努力做不让自己后悔的事

在未来的道路上，很多人在回忆往昔时光的时候，对自己以前做过的事情总是会有些后悔。但是时光一去永不回，你所能够回忆到的往事，不管是令人开心的还是令人失望的都只是回忆而已，它永远只能停留在过去。所以，过去并不是很重要，但有人偏偏只愿意停留在过去的遗憾之中，让今天的美好时光也成为未来的他所追忆的过去。

小时候我们拼命想长大，想象未来自由自在的时光，不用写作业，不用做家务，更不用听爸爸妈妈那些碎碎念的唠叨。然而长大后的我们却又开始怀念小的时候，那无忧无虑的生活，可以在父母的怀里撒娇，不用为了生活早出晚归四处打拼，可以心无旁骛地脑子里只有学习。毕业后的我们怀念读书时候的美好时光，步入中年的我们又开始怀念二十几岁的青春岁月。但是，过去永远都只是过去，珍惜当下，过好每一天的生活，不给以后留下更多遗憾不是更加有意义吗？

珍惜现在自己手中拥有的一切，你的工作，你最亲密的亲朋好友，你用自己的劳动买下的生日礼物，哪怕是一杯水、一本书都是你的现在。那些沙漠中生存的人们想要拥有一杯干净的水也是一件奢求的事，所以你又怎么能说自己是不幸的呢?

演员王鸥目前正是事业如日中天的阶段，接连播出的几部作品无不展现出了她令人折服的演绎实力。事业上的王鸥是成功的，而她却一直对自己的过去心怀愧意。在一次节目中，王鸥真情流露，她对过去的自己说："如果时间可以倒流到那一天，你应该把手上的工作全部放下，立刻赶回家，看你爸爸最后一眼，不然未来的日子里，你每一天都会为今天后悔。"子欲养而亲不待应该是这个世界最大的遗憾，当年王鸥的父亲去世的时候，王鸥都没能去看望最后一眼，这成了她这辈子最大的遗憾。而此时台下的贾玲已经泪流满面，在贾玲还未成名之前，她的母亲就去世了，而这也是她心里不想提及的伤痛。

成年人的世界里有很多的伤痛和遗憾，除了对于父母的愧疚和遗憾，对自己年轻时候的梦想可能心中也有很多的愧疚。当时可能觉得自己并不知道自己想做什么，或者已经有了一个想要完成的梦想，但是不自信的自己只能整日没有灵魂地做着别人安排好的一切事情。但是这样的你真的觉得自己是快乐的吗?

想想你现在还能拥有生命，还能做些什么，也许你喜欢的这个状态才是最适合你的生活，不管是亲情还是事业，不管是身边的好朋友还是会让你充实的兴趣爱好，只要能够让你觉得生活是快乐的就是适合你的生活。珍惜你拥有的一切，做好自己每天要做的事情，让自己更加充实才能够让自己变得越来越好。

兴趣爱好也许会是你人生的另一个起点

每个人应该都有自己的兴趣爱好。有人喜欢运动，每天早起进行户外跑步，下班之后一定要去健身房，不然总觉得这一天缺少了点什么；有的人喜欢音乐，即使把生命中所有的时间全部奉献给音乐依旧觉得意犹未尽，他们会花费大量的时间学习乐理知识，练习各种乐器，废寝忘食也一点都没有感觉疲惫；还有的人喜欢读书，走到一家书店，拿起一本书，静静地阅读，不知不觉之中月色就已经笼罩大地，而他们薪资的很大一部分也会花费在买书上，因为读书会给他们带来前所未有的充实。

如果说工作是为了生存，那么兴趣爱好就是给平淡的生活添加的一抹色彩。渡边淳一是日本一位伟大的作家，但是渡边淳一的读书生涯一直跟医术相依为伴，从札幌医科大学毕业之后的他留校任教，同时在一家矿工医院就职。但是渡边淳一一直都在坚持写作，从小就喜欢读书的他从来没有放弃自己的爱好。在摩西奶奶的鼓励之下，渡边淳一开始辞去自己医生的工作，全职写作，最终在让自己的名字永远成为作家榜中常青的一员。而在渡边淳一的一生之中，创作出了很多畅销的书籍，直到现在他的书还会出现在很多年轻人的桌前。

并不是每个人都能将自己的兴趣爱好发展成当下的工作，但是只要是自己喜欢的就一定是值得追求的。有人说这个世界上最划算的事情就是把自己的精力投入到自己的兴趣爱好上，当你的兴趣爱好已经发展成为足以谋生的技能，那么现在的兴趣爱好就已经可以成为自己终生奋斗的事业。

孙志在读大四的时候跟着同学一起参加公务员考试，很幸运地考进了家乡小城的政府机关。工作了一段时间之后，孙志觉得这样单调的工作不是他所追求的，一想到以后人生的每一天都要重复现在这样的日子便会让他觉得异常惶恐。于是他开始唤醒了自己心中的那个梦想，大学期间他喜欢拍照，从身边朋友的生活到所到之处的美景都记录在他的镜头之下。但是基于经济条件的限制，孙志只能用自己的手机拍摄，但是在这个时期，孙志学习到了充足的摄影知识，从构图到后期的能力都得到了很大的提高。

工作之余，孙志给自己买了人生第一台相机，每到休息日总是要到外面去拍拍这美好的大千世界。他还开始深入学习人像摄影，给身边的很多人拍的照片都得到了大家的一致认可，在一次摄影大赛中，孙志拿到了全国比赛的冠军，他开始找到了自己在摄影之路的信心。于是孙志辞去了现在这个稳定的工作，他想开始全新的生活，一个时时刻刻都在为理想和兴趣奋斗的新生活。

也许你现在过的并不是自己想要的生活，也许你的工作轨迹离自己的兴趣爱好越来越远，但是不要放弃心中的执念，当你已经不再对它抱有热情，你就失去了为此奋斗的那一丝气力。抓住自己所有的时间充实自己，也许你就能像孙志一样重新开启美好的新生活。

生活中总是或多或少有很多的遗憾，但是你总应该充实自己，让未来的日子没有后悔包围。当你已经有了自己的目标的时候，就放手去做吧，只有尽了最大的努力才能让自己的人生没有这么多遗憾。生命在于生生不息的折腾和奋斗，珍惜现在拥有的一切，为了自己的将来。

竭尽全力之后才有资格说自己行不行

还记得读书的时候跑过的那三千米吗？现在的年轻人体能太差，平时吃饭能叫外卖就不会下楼，周末的时候能窝在家里就尽量不会出门，能坐着绝对不站着，能躺着绝对不坐着。所以操场上跑一圈就气喘吁吁，下楼拿个快递和外卖都会怨天怨地。但是读书的时候不也是坚持到底跑完了漫长的三千米吗？当真的觉得自己跑不动了的时候，望着终点告诉自己还可以跑，还能坚持到最后，就一定可以到达终点。

这个世界不缺少失败，失败并不可怕，可怕的是你害怕走那条艰险的道路。有人说：那条最艰险的道路往往才是能够让人更加快速成长的道路。可是很多人都在那条艰险道路的起点就放弃了，也有很多人在整个道路的路途中忍受不了过程的辛苦纷纷放弃，更有人都快要走到了道路的尽头，就差那么一点点就可以实现自己心中的梦想却只能重新归零。成功从来都不是唾手可得，当你想要机会的时候，就要一直奔跑在路上。

娱乐圈是一个鱼龙混杂的地方，除去那些黑暗的地方，能够站在聚光灯下成为每一个人目光的焦点的人就一定会有自己的实力，周震南就是这样一个拼尽全力的大男孩。今年19岁的周震南出生在重庆一个优越的家庭，但是这样的经济条件并没有让他失去自我，在他看到迈克尔·杰克逊的表演之后便萌生了站上舞台的想法。于是他跟父母沟通好之后就开始学习各种乐器，并且报了街舞培训课程进行系统的学习，但是没有舞蹈经验的周震南在学习舞蹈的初期一直受伤，尤其是膝盖和胳膊等关节部位。然而周震南并没有觉得这个过程是辛苦的，相反他开始觉得跳舞带来的快感能够让他忘记身体上的劳累和疼痛，所以他更加热爱他选择的这条路。后来，周震南开始进入韩国某娱乐公司做练习生，其间也有很多家电台媒体找过他，但是抱着学习的态度的他并没有接受邀请，而是选择继续以练习生的身份学习。

最终在国内一场大型综艺类节目中，周震南的才华开始展现，他的舞蹈，他的说唱以及他游刃有余的台风让他开始成为很多人追捧的偶像。最终在这场万众瞩目的比赛中周震南拿到了第四名的好成绩并正式出道，从那之后他开办了自己的演唱会，发行了自己的原创歌曲。在一个全新的偶像成长类节目中，周震南放下之前所有的成绩重新以一个新人的身份参加每一次选拔。为了一场比赛能够给大家呈现出更好的舞台效果，诠释出更有意义的东西，周震南和他的团队花费了两天两夜的时间来进行整个歌曲的编曲、填词并设计好所有的舞蹈动作。每一个有心机的小设计，每一次对消防员的致敬都是他们废寝忘食的成果，最终呈现出的节目让所有人震撼。

只要你想做就一定能够做到，只要没在没有结束之前放弃，你就应该拼尽全力，为了一个节目，周震南他们能够连续保持精神高涨的状态，因为专注所以并不觉得累，因此他们能够得到更多人的认可。每一个成年人都需要为了得到自己想要的东西使出全身解数，害怕只会让你越来越胆怯，勇往直前才是成功的关键。

不管是哪个方面的努力，只要是自己追求的，就不应该给自己的胆怯和懒惰找理由，世界上成功的那一类人都拥有着超强的意志力和敢于闯荡的决心，怀抱着赤子之心奔向属于自己的一片广阔天地。

参考文献

[1]汤木.将来的你，一定会感谢现在拼命的自己[M].南昌：江西教育出版社，2016.

[2]张德芬.遇见未知的自己[M].长沙：湖南文艺出版社，2016.

[3]陈志宏.找到自己的优点，让人生自信满满[M].延吉：延边大学出版社，2017.

[4]俞敏洪.背负梦想继续扬帆远航[M].长沙：湖南文艺出版社，2017.

[5]鱼樵.你只有努力到底了，才有资格说自己可不可以[M].南京：江苏凤凰文艺出版社，2016.

[6]沈善书.你不努力，就别怪世界残酷[M].南昌：百花洲文艺出版社，2016.